土木・環境系コアテキストシリーズ F-1

# 水 環 境 工 学

長岡　裕
著

コロナ社

# 刊行のことば

　このたび，新たに土木・環境系の教科書シリーズを刊行することになった。シリーズ名称は，必要不可欠な内容を含む標準的な大学の教科書作りを目指すとの編集方針を表現する意図で「土木・環境系コアテキストシリーズ」とした。本シリーズの読者対象は，我が国の大学の学部生レベルを想定しているが，高等専門学校における土木・環境系の専門教育にも使用していただけるものとなっている。

　本シリーズは，日本技術者教育認定機構（JABEE）の土木・環境系の認定基準を参考にして以下の6分野で構成され，学部教育カリキュラムを構成している科目をほぼ網羅できるように全29巻の刊行を予定している。

　　A分野：共通・基礎科目分野

　　B分野：土木材料・構造工学分野

　　C分野：地盤工学分野

　　D分野：水工・水理学分野

　　E分野：土木計画学・交通工学分野

　　F分野：環境システム分野

　なお，今後，土木・環境分野の技術や教育体系の変化に伴うご要望などに応えて書目を追加する場合もある。

　また，各教科書の構成内容および分量は，JABEE認定基準に沿って半期2単位，15週間の90分授業を想定し，自己学習支援のための演習問題も各章に配置している。

　従来の土木系教科書シリーズの教科書構成と比較すると，本シリーズは，A

分野（共通・基礎科目分野）にJABEE認定基準にある技術者倫理や国際人英語等を加えて共通・基礎科目分野を充実させ，B分野（土木材料・構造工学分野），C分野（地盤工学分野），D分野（水工・水理学分野）の主要力学3分野の最近の学問的進展を反映させるとともに，地球環境時代に対応するためE分野（土木計画学・交通工学分野）およびF分野（環境システム分野）においては，社会システムも含めたシステム関連の新分野を大幅に充実させているのが特徴である。

科学技術分野の学問内容は，時代とともにつねに深化と拡大を遂げる。その深化と拡大する内容を，社会的要請を反映しつつ高等教育機関において一定期間内で効率的に教授するには，周期的に教育項目の取捨選択と教育順序の再構成，教育手法の改革が必要となり，それを可能とする良い教科書作りが必要となる。とは言え，教科書内容が短期間で変更を繰り返すことも教育現場を混乱させ望ましくはない。そこで本シリーズでは，各巻の基本となる内容はしっかりと押さえたうえで，将来的な方向性も見据えた執筆・編集方針とし，時流にあわせた発行を継続するため，教育・研究の第一線で現在活躍している新進気鋭の比較的若い先生方を執筆者としておもに選び，執筆をお願いしている。

「土木・環境系コアテキストシリーズ」が，多くの土木・環境系の学科で採用され，将来の社会基盤整備や環境にかかわる有為な人材育成に貢献できることを編集者一同願っている。

2011年2月

編集委員長　日下部 治

# まえがき

都市が存立するためには，十分な量の清廉な水の確保と，使った水を衛生的に排除することが必須であり，これは歴史からも学ぶことができよう。また，都市における水環境を良好に保ち，市民が安全で豊かな生活をすごすことができるよう，土木工学を学ぶものは，都市における健全な水循環系を構築し，これを維持・管理するための知識と応用能力を身につけることが求められる。まさに土木工学が市民工学（civil engineering）であることの所以でもあろう。

本書は，土木工学を学ぶ学生が，都市の水循環系について理解するために必要な事項を理解し，実務者となった後にも実践能力としてこれを身につけることを目的に書かれたものである。具体的には，都市をめぐる自然および人為的な水循環系全体の理解，それを形づくっている水道および下水道システムの理解，上下水道システムを運営し，維持管理するために必要な知識などを得ることを目的としている。水循環系および上下水道システムを理解するためには，力学，化学，生物学などの自然科学から，河川工学，水理学，地盤力学，コンクリート工学，水処理工学などの土木工学系基礎学問，さらには，社会制度や法律などまで及ぶ幅広い分野の知識が必要となるが，本書はこれらの内容をコンパクトなサイズに収めるため，本質的な事項については妥協せずに細部に至るまで記載しながら，本質の理解に不必要と思われる部分は大胆にカットしている。

また，従来の上下水道工学あるいは水環境工学の教科書が，上水道と下水道はそれぞれ独立して章の構成がなされることがつねであったものの，本書では，計画，水輸送系，水処理という分類分けのなかで，水道と下水道を並列させて記載するようにした。これは，両者が行政上の観点からは別々に区分されること（わが国では，水道が厚生労働省所管，下水道が国土交通省所管）に伴って，ともすれば産業界や学会も別々に分かれて活動している現状に対する筆者の強い問題意識によるものでもあるし，そもそも両システムは管路と処理システムから構成されているという類似点が大きいという認識にもよるものである。

また，本書では計算に関する例題，本質の理解を助けるための演習問題を豊富に配置して，学生が学ぶための教科書としての位置づけをやや強くしているが，もちろん上下水道分野の実務者・技術者にも参考になるよう配慮もしており，水環境工学の本質を理解するための道標となるものと信じている。

2021 年 9 月

長岡　裕

# 目　次

## 1章　水環境工学のための基礎


1.1　水の物理化学的性質　*2*

1.1.1　水の化学的性質　*2*

1.1.2　水の物理的性質　*3*

1.1.3　水の流れに関する基礎　*3*

1.2　水質指標の概要　*10*

1.2.1　水質指標の種類と体系　*10*

1.2.2　外観や固形物などにかかわる指標　*11*

1.2.3　無機イオンに関連する指標　*12*

1.2.4　有機物関連指標　*12*

1.2.5　栄　養　塩　類　*17*

1.2.6　微　生　物　指　標　*20*

1.2.7　有害物質・重金属類　*22*

1.3　微生物の種類と反応　*24*

1.3.1　微生物の種類と水系における存在　*24*

1.3.2　微生物による反応式　*25*

1.4　水域における水質変換機構　*28*

1.4.1　河川における自浄作用の式　*28*

1.4.2　湖沼など閉鎖性水域における反応とモデル化　*30*

1.4.3　地　下　水　汚　染　*32*

演　習　問　題　*33*

## 2章　都市における水循環系


2.1　流域における水循環系　35

2.1.1　自然の水循環系　35

2.1.2　流　域　と　は　36

2.1.3　流域内の水収支　38

2.1.4　わが国における水資源の概況　40

2.1.5　水資源開発・水源・水利権の考え方　41

2.2　都市における水循環系の概要　45

2.2.1　都市における水循環系　45

2.2.2　水供給システムの種類　46

2.2.3　下排水処理システムの種類　48

2.3　水環境にかかわる法制度　49

2.3.1　水にかかわる法制度の体系　49

2.3.2　水質環境基準　50

2.3.3　排　水　基　準　55

2.3.4　水道水質基準　59

2.3.5　下水排除基準　59

2.3.6　水質総量規制　61

2.4　流域単位での水環境保全計画の考え方　62

2.4.1　基　礎　調　査　63

2.4.2　汚濁負荷量の予測
—原単位を用いた水需要および負荷量の算出—　64

2.4.3　汚　濁　解　析　66

2.4.4　汚濁負荷削減計画　67

2.5　水質環境基準の達成状況　68

演　習　問　題　69


## 3章　上下水道システムの概要と基本計画


3.1　上下水道システムの概要　71

3.1.1　水道システムの概要　71
3.1.2　下水道システムの概要　72
3.2　上下水道システムの基本計画　75
3.2.1　水道の基本計画　75
3.2.2　下水道の基本計画　80
演　習　問　題　88

## 4章　上下水道における水輸送系の設計

4.1　水輸送系の概要　90
4.2　管 路 の 材 質　90
4.2.1　上下水道システムに用いられる管種　90
4.2.2　鉄　系　管　91
4.2.3　コンクリート管　93
4.2.4　樹　脂　管　93
4.3　管の施工方法　94
4.3.1　開　削　工　法　94
4.3.2　推　進　工　法　95
4.3.3　シールド工法　96
4.3.4　更　生　工　法　97
4.4　水道システムの水輸送系　98
4.4.1　貯　水　施　設　98
4.4.2　取　水　施　設　99
4.4.3　導　水　施　設　100
4.4.4　送 配 水 施 設　100
4.4.5　給　水　装　置　105
4.5　下水道システムの水輸送系　108
4.5.1　下水道の水輸送系の概要　108
4.5.2　管　き　ょ　108
4.5.3　ポンプ場施設　111
演　習　問　題　113

## 5章 水処理システム


5.1 水処理システムの基礎 115

5.1.1 水処理システムの基本構成 115

5.1.2 水処理単位操作の基礎 116

5.2 物理化学的プロセスの基礎 118

5.2.1 沈 殿 118

5.2.2 凝 集 122

5.2.3 ろ 材 ろ 過 129

5.2.4 塩 素 処 理 131

5.2.5 オ ゾ ン 処 理 136

5.2.6 活 性 炭 吸 着 137

5.2.7 膜 ろ 過 139

5.2.8 脱 水 147

5.3 生物反応装置の基礎 150

5.3.1 微生物反応装置の設計 150

5.3.2 浮遊微生物法の基礎 151

5.3.3 生物膜法の概要 156

演 習 問 題 157


## 6章 水処理のシステム構成


6.1 浄 水 処 理 159

6.1.1 浄水方法の種類 159

6.1.2 着水井と浄水池 161

6.1.3 緩速ろ過方式 161

6.1.4 急速ろ過方式 163

6.1.5 高度浄水処理（オゾン＋粒状活性炭） 170

6.1.6 膜 ろ 過 方 式 172

6.1.7 紫 外 線 処 理 174

6.1.8 海 水 淡 水 化 175

6.2 下　水　処　理　176
6.2.1 下水処理の基本的な仕組み　176
6.2.2 下水処理法の種類と概要　176
6.2.3 活 性 汚 泥 法　178
6.2.4 生　物　膜　法　184
6.3 汚　泥　処　理　187
6.3.1 汚泥の分類と発生量　187
6.3.2 汚泥処理の代表的フロー　188
6.3.3 汚　泥　濃　縮　189
6.3.4 嫌 気 性 消 化　190
6.3.5 汚　泥　脱　水　192
6.3.6 汚　泥　焼　却　194
6.3.7 汚泥の有効利用　195
6.4 水　再　利　用　198
6.4.1 水再利用の概要　198
6.4.2 再生水の水質基準　199
6.4.3 水再利用の処理システム　200
6.5 分散型排水処理システム（浄化槽）　202
6.5.1 分散型排水処理システムの概要　202
6.5.2 浄 化 槽 の 種 類　202
6.5.3 浄化槽の処理システム　203
6.6 工 場 排 水 処 理　204
6.6.1 工場排水の質と処理対象物質　204
6.6.2 重金属排水の処理の概要　205
演　習　問　題　207

**引用・参考文献**　208
**演習問題解答**　210
**索　　　引**　215

# 1章 水環境工学のための基礎

**◆本章のテーマ**

都市が存立するためには水が欠かせないが，都市の暮らしを安全で豊かなものにするために，質・量ともに豊かな水環境を確保し保全することは必須である。本章では，水環境の保全のための工学，すなわち水環境工学を学ぶための基礎的事項を説明する。

**◆本章の構成（キーワード）**

1.1　水の物理化学的性質

水の物性，管路流れと開水路流れ，摩擦損失

1.2　水質指標の概要

環境保全にかかわる指標，有害物質，微生物指標

1.3　微生物の種類と反応

独立・従属栄養，微生物の増殖と死滅

1.4　水域における水質変換機構

河川の自浄作用，閉鎖性水域の富栄養化，地下水汚染

**◆本章を学ぶと以下の内容をマスターできます**

☞　水そのものの特徴，流体としての水を取り扱うための流体力学の基礎

☞　水の安全性や快適性の指標の理解

☞　自然界や水処理施設における水質変換の概要と微生物の役割

# 1.1 水の物理化学的性質

## 1.1.1 水の化学的性質

水は $H_2O$ の分子式で表される水素と酸素からなる化合物であり，H–O の共有結合を担う電子は酸素原子に少し引き寄せられ，酸素原子はわずかに負電荷（δ−）を，水素原子はわずかに正電荷（δ+）を帯びている。このため，水分子全体でみると電荷の偏り（極性）が生じ，水にさまざまな特徴を与えている。

水分子はその極性によって，正に帯電した水素原子と負に帯電した酸素原子との間に静電気的な引力が働き，隣り合う水分子どうしが引き合う結合（水素結合）によって結びつき，この分子間力によって他の同様の構造を持つ化合物（$H_2S$ など）に比べて高い沸点を持つ。

水はその極性により，他の極性のある分子を溶解する力が強い。例えば，食塩が水によく溶けるのは，塩化ナトリウムの結晶を構成する $Na^+$ と $Cl^-$ が，水中で極性分子である水分子に囲まれて，$Na^+$ は $H_2O$ の酸素原子側に，$Cl^-$ は $H_2O$ の水素原子側に静電気的な引力で引き寄せられて安定するからである（**図 1.1**）。

砂糖を構成するおもな化合物であるスクロースは塩化ナトリウムのように電離はしないが，**図 1.2** に示すように，分子中の -OH 基は極性を持つために水分子と水素結合をするので，水に容易に溶解する。このような -OH 基を親水

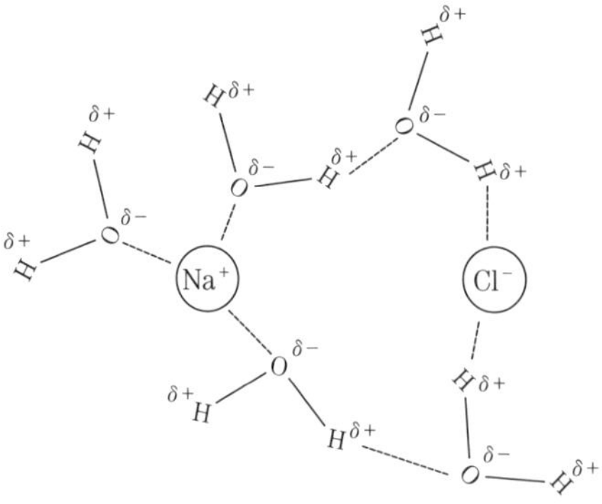


**図 1.1**　塩化ナトリウムの水への溶解の概念図

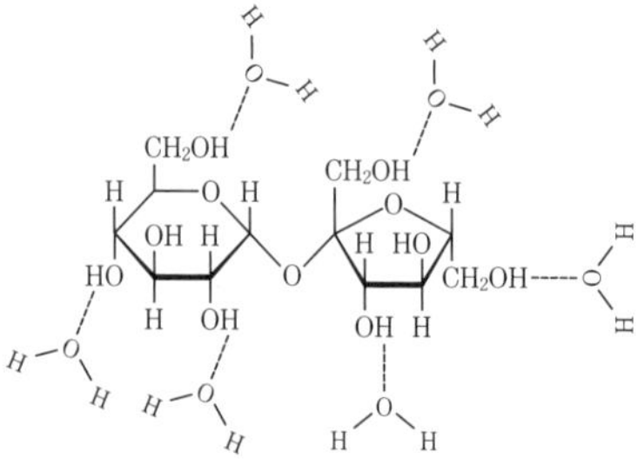


**図 1.2**　スクロース分子と水分子の水素結合

基といい，水はスクロースやエタノール（$C_2H_5OH$）のように親水基を持つ親水性の分子を溶解する働きがある。

### 1.1.2 水の物理的性質

**表 1.1** は水を含む各種液体および空気の物性を示す。水は多くの有機化合物の液体と比べ，比熱，伝導率，および蒸発熱が大きく，物質の冷却や加温に適した液体であることがわかる。また，地球上に豊富に存在する流体の代表である空気と比較すると，密度はもちろんのこと，比熱，熱伝導率でも大きい値を示す。したがって，水は空気と比較すると冷却プロセスや洗浄プロセスなどに適した（体積当りの運動量が大きい）流体であり，物質の溶解能力と合わせ，各種の工業プロセスや家庭において洗浄や冷却など幅広い用途で用いるために優れた物性を持っている化合物といえる。

**表 1.1** 各種液体および空気の物性（1 気圧）

| | 密度（20℃） | 比熱（20℃） | 熱伝導率（20℃） | 蒸発熱 | 沸点 |
|---|---|---|---|---|---|
| | g/cm$^3$ | J/(kg·K) | W/(m·K) | kJ/kg | ℃ |
| 水 | 0.9982 | 4182 | 0.602 | 2257 | 100 |
| エチルアルコール | 0.79 | 2416 | 0.183 | 838 | 78.3 |
| アセトン | 0.79 | 2160 | 0.18 | 500 | 56.5 |
| トルエン | 0.866 | 1679 | 0.151 | 363 | 110.6 |
| スピンドル油 | 0.871 | 1851 | 0.144 | | |
| 空気 | 0.001205 | 1006 | 0.0257 | | |

### 1.1.3 水の流れに関する基礎

〔1〕 **流れの形態とエネルギー**　河川，用水路，水道管路，下水管路から，浄水場における砂ろ過層や地下土層中までさまざまな所で水は流れ，この流れを生む力は圧力差あるいは重力であり，これに抵抗する壁面との摩擦力が釣り合った状態で水は流れる。

**表 1.2** に示すように，都市の水循環系を担う上下水道に関連する施設におけ

**表 1.2** 流れの種類（管路と開水路）

| | 流れの駆動力 | 上下水道関連施設 | 断面図 |
|---|---|---|---|
| 管路 | 圧力差 | 水道管 |  |
| 開水路 | 重力 | 下水管きょ<br>隧道（トンネル） |  |
| | | 用水路 |  |

る流れの形態は，大きく分けて管路と開水路に分類される。管路流れは管内を水が完全に満たした満管状態で水は流れる。一方開水路では，水は管あるいは水路の一定の高さまでのみ水が満たされた状態であり，水の上部は大気と接する状態となる自由水面となっている。下水管きょは管の断面は円形である場合が多いが，通常の状態では下水は満管で流れるわけではなく，河川や水路のような開水路として取り扱われる。

**図 1.3** は管路流れにおけるエネルギーの表現を示したものである。管路流れの上部に小さい穴をあけて，図のように 2 種類の細い管を挿入すると，通常，管内には大気圧以上の圧力が存在するために，細管内を水が上がる。圧力，速度，位置（高さ）に起因するエネルギーを水の高さで表現したものを圧力水頭，速度水頭，位置水頭と呼ぶが，位置水頭と圧力水頭を足した高さを結んだ線を動水勾配線，それに速度水頭を足した高さを結んだ線をエネルギー線と呼ぶ。水道施設における管路の設計においては，動水勾配線の位置がきわめて重要となる。

**図 1.4** は二つの貯水池を管路で結ぶ場合と隧道（トンネル）で結ぶ場合の違いを示したものである。図ではエネルギー線と動水勾配線の 2 本の線を示しているが，通常の水道管路の設計では，速度水頭の大きさは他の水頭に比べてき

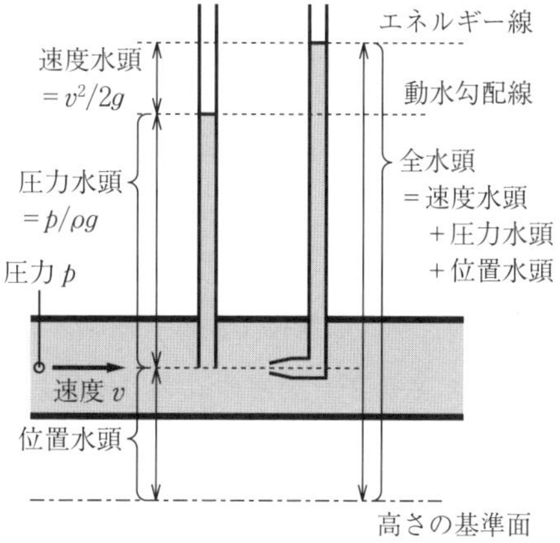


**図 1.3**　管路流れにおける
エネルギーの表現

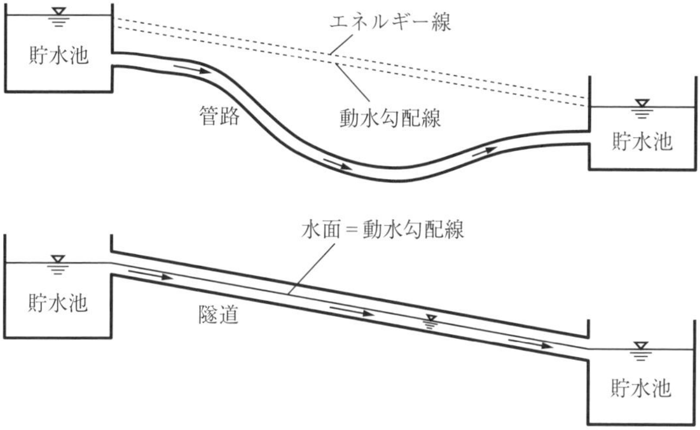


**図 1.4**　二つの貯水池を管路で結ぶ場合と隧道（トンネル）で結ぶ場合の違い

わめて小さくなるので，エネルギー線と動水勾配線は一致しているとみなして構わない。管内の流れは流れ方向の圧力差が駆動力であるので，流れの方向に動水勾配線は緩やかに一定勾配で下がるような形状となる。また，管内は負圧（大気圧より小さい圧力）となってはならないので，管の位置は必ず動水勾配線よりも下でなければならないが，流れの駆動力が圧力であるために，管の位置は自由に決定でき，図のように一度下がってから上がるような形状でも差し支えない。

一方，二つの貯水池を隧道（トンネル）で結ぶ場合は，流れの駆動力は重力となるので，隧道の直径が一定の場合，隧道は一定勾配で下がるような形状とならなければならない。

〔2〕 **管路の摩擦損失**　直径 $d$ の円形断面の管路中を水が流速 $v$ で距離 $L$ だけ流れるときに管内壁面と水との摩擦で失われるエネルギー，逆にいうとその水の輸送に必要となるエネルギーを水の高さ（水頭）で表す摩擦損失水頭 $h_f$ は次式（ダルシー・ワイスバッハ式）で表される。

$$h_f = f\frac{L}{d}\frac{v^2}{2g} \tag{1.1}$$

ここで，$f$：**摩擦損失係数**（friction factor），$g$：重力加速度である。

摩擦損失係数 $f$ は摩擦損失に関する基本的な値で，円管内の流れにおいては，管壁の粗さを表す絶対粗度 $k_s$ と直径 $d$ との比（相対粗度），および以下の式で定義される**レイノルズ数**（Reynolds number）Re によって決定される。

$$\mathrm{Re} = \frac{\rho v d}{\mu} \tag{1.2}$$

ここで，$\rho$：水の密度，$\mu$：水の粘性係数である。

摩擦損失係数 $f$ とレイノルズ数および相対粗度との関係を表したものが**図 1.5** である。また種々の管における絶対粗度の値の目安を**表 1.3** に表す。

円管内の流れでは，レイノルズ数がおよそ 2000 以下では流れは層流という乱れのない流れとなるが，2000 以上では渦を発生させながら乱れて流れる乱流となり，摩擦損失に関する挙動は大きく異なる。層流では摩擦損失係数はレイノルズ数の逆数に比例する形となるが，レイノルズ数が大きく，相対粗度が大きい流れでは，摩擦損失係数はレイノルズ数に影響されず相対粗度のみに依存するようになる。この流れを完全粗面乱流と呼び，河川の流れはこの前提に立ち，河床の状態のみを考慮した式を用いる。

通常の水道管路のなかの流れは乱流となるが，必ずしも完全粗面乱流とはならない（例題 1.1 参照）。

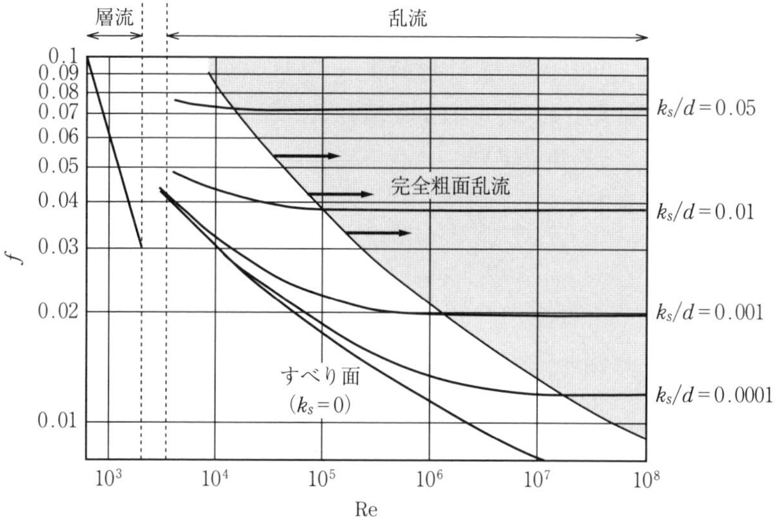


**図 1.5** 摩擦損失係数 $f$ とレイノルズ数および相対粗度との関係

**表 1.3** 種々の管における絶対粗度の値の目安（文献 1）を改変）

| 管種 | 絶対粗度の範囲の目安，$k_s$〔mm〕<br>（ ）は標準的な値 | | |
|---|---|---|---|
| 滑らかな材料（塩化ビニル，鉛など） | | (0.03) | |
| アスベストセメント | 0.015 | ～ | 0.03 |
| 被覆鋼 | 0.015 | ～(0.03)～ | 0.06 |
| 鋼（被覆なし） | 0.03 | ～(0.06)～ | 0.15 |
| 鋳鉄（被覆なし） | 0.15 | ～(0.3)～ | 0.6 |
| 錆のある水道本管 | | | |
| 　軽度の錆 | 0.6 | ～ | 3.0 |
| 　中程度の錆 | 1.5 | ～ | 6.0 |
| 　相当の錆 | 6.0 | ～ | 15 |
| 　ひどい錆 | 15 | ～ | 60 |
| コンクリート | | | |
| 　プレストレストコンクリート管 | 0.06 | ～(0.15)～ | 0.6 |
| 　遠心力コンクリート管 | 0.06 | ～(0.15)～ | 0.3 |
| 陶管 | | (0.06) | |
| ぬるつきのある下水管（流速 0.75～1.2 m/s） | | | |
| 　遠心力コンクリート | 1.5 | ～ | 6.0 |
| 　陶管，タイルなど | 0.3 | ～ | 3.0 |
| 　可塑剤を含まない塩化ビニル | 0.15 | ～ | 1.5 |
| 開削した水路（土・直線） | 15 | ～(60)～ | 150 |
| 直線自然水路（浅瀬，玉石，水草なし） | 150 | ～(300)～ | 600 |

**例題 1.1**

管内径 $d=400$〔mm〕の鋳鉄管内を流量 $Q=0.03$〔$m^3/s$〕の水道水が流れている。管の絶対粗度が $k_s=0.40$〔mm〕であるとき，この管内の流れが完全粗面乱流であるかどうか判定せよ。

**解答**

この管の相対粗度 $k_s/d=(0.40\ \mathrm{mm})/(400\ \mathrm{mm})=0.001$。また，管内流れのレイノルズ数は，水道水の水温を 20℃とすると

$$\mathrm{Re}=\frac{\rho v d}{\mu}=\frac{\rho\left(\dfrac{Q}{\pi d^2/4}\right)d}{\mu}=(1000\ \mathrm{kg/m^3})\times(0.239\ \mathrm{m/s})\times\left(\frac{0.400\ \mathrm{m}}{0.0010\ \mathrm{Pa\cdot s}}\right)$$
$$=9.6\times10^4$$

図 1.5 をみると，この条件は完全粗面乱流の領域には入らないことがわかる。■

水道管路の設計においては，通常，実用公式である**ヘーゼン・ウイリアムス式**（Hazen-Williams formula）を用いるが，摩擦損失係数がレイノルズ数によって多少影響を受けることを考慮して，以下のように定式化がなされている。

$$h_f=\frac{10.666\cdot Q^{1.85}\cdot L}{C^{1.85}\cdot D^{4.87}} \tag{1.3}$$

ここに，$h_f$：摩擦損失水頭〔m〕，$C$：流速係数，$D$：管内径〔m〕，$Q$：流量〔$m^3/s$〕，$L$：管路延長〔m〕である。

$C$ は，新しい鋳鉄管で $C=130$ 程度，全面に 1 ～ 2 mm 程度の錆こぶが発生している無塗装の古い鋳鉄管で $C=100$ 程度である。

地下水や浄水プロセスで用いられる砂ろ過の砂層内の水の流れは，小さい空隙を遅い流速で流れるので層流となる。また水処理施設の沈殿池における粒子の沈降も層流の流れ場での現象となるので，水の粘性の影響を受ける。水の粘性係数と温度との関係を**図 1.6** に示す。水の粘性係数は水温によって大きく変化し，0℃付近と 30℃付近では 2 倍ほどの違いがあり，水処理プロセスにも影響を与える。

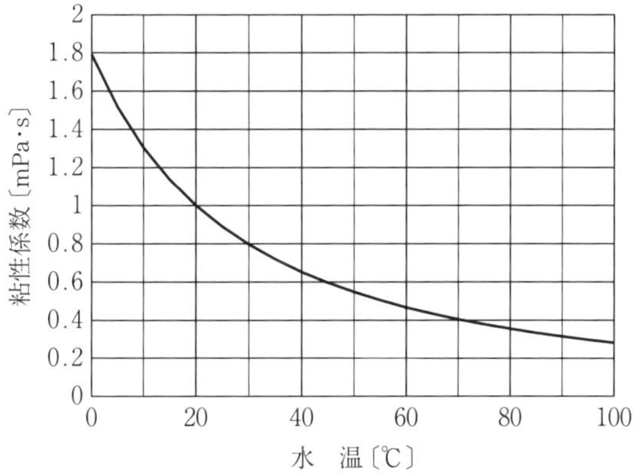


**図 1.6**　水の粘性係数と温度との関係

〔3〕　**開水路の摩擦損失**　　下水管路や河川などの開水路における摩擦損失を考慮した平均速度公式は下記の**マニングの式**（Manning's formula）を用いることが多い。

$$v = \frac{1}{n} R^{2/3} I^{1/2} \tag{1.4}$$

ここに，$v$：断面平均流速〔m/s〕，$n$：マニングの粗度係数，$R$：径深〔m〕，$I$：エネルギー勾配である。

**表 1.4**　マニングの粗度係数 $n$ の代表的な値[2]

| 水路の形式 | 材料および潤辺の性質 | $n$ の範囲 | $n$ の標準値 |
|---|---|---|---|
| 暗渠 | 溶接鋼管 | 0.010～0.014 | 0.012 |
| | 鋳鉄（塗装） | 0.010～0.014 | 0.013 |
| | 　　（塗装なし） | 0.011～0.016 | 0.014 |
| | コンクリート | 0.010～0.020 | 0.014 |
| | 素焼き土管 | 0.011～0.017 | 0.013 |
| 表面仕上げした水路 | 鋼，塗装なし，平滑 | 0.011～0.014 | 0.012 |
| | モルタル | 0.011～0.015 | 0.013 |
| | 石積み，モルタル目地 | 0.017～0.030 | 0.025 |
| 表面被覆なしの水路 | 土，直線水路 | 0.016～0.025 | 0.022 |
| | 砂利，直線水路 | 0.022～0.030 | 0.025 |
| 自然水路 | 手入れのよい直線水路 | 0.025～0.033 | 0.030 |
| | 雑草繁茂，深掘れ，立木 | 0.075～0.150 | 0.100 |

径深 $R$ は，断面積を潤辺長さ（断面で水と接している長さ）で除したもので，例えば，半径 $r$ の円管の半分まで水面が達している場合は

$$R=\frac{\pi r^2/2}{\pi r}=\frac{r}{2}$$

となる。マニングの式は流れが完全粗面乱流であるという前提で適用できる式であり，河川などの大規模な開水路において適用される。マニングの粗度係数の代表的な値を**表 1.4** に示す。

**例題 1.2**

直径 $d=500$〔mm〕の円形コンクリート製の下水管があり，1 km の距離に対して高低差が 2 m ある。いま，水位が管のちょうど中央までであるとき，管内を流れる下水流量 $Q$ はどれだけになるか。ただし，マニングの粗度係数 $n=0.020$ とする。

**解答**

この流れは，エネルギー勾配 $I=(2\ \mathrm{m})/(1\ \mathrm{km})=0.002$，径深 $R=d/4=0.125$〔m〕（径深は満管の場合と同じとなる）。したがって，流量が流速×断面積で得られることを考慮すると，以下を得る。

$$\text{流量 } Q=v\left(\frac{\pi d^2}{8}\right)=\left(\frac{R^{2/3}I^{1/2}}{n}\right)\left(\frac{\pi d^2}{8}\right)=0.055\ \text{〔m}^3/\text{s〕}$$

■

## 1.2　水質指標の概要

### 1.2.1　水質指標の種類と体系

飲料水や水環境の安全性や健全度の尺度として，最も重要なものが水質指標であり，以下のように分類される。

① 水の性状，環境保全にかかわる指標：必ずしも有害ではないものの，水の外観や水環境に影響を与える物質などにかかわる指標

② 有害物質に関する指標：人が摂取したときに毒性を持つ物質に関する指標

③ 微生物に関する指標：人が摂取したときに衛生的な問題を生じないように設定するもの

微生物に関する指標やpHなど一部の指標を除いた大部分の指標は，水1L当りの質量である，mg/Lを用いて表現される。

### 1.2.2 外観や固形物などにかかわる指標

〔1〕 **濁　　度**　**濁度**（turbidity）は水の濁りの程度を示すもので，水道水質基準に含まれている。精製水1Lに標準カオリン1mgを含むときの濁りを1度として表すが，水中の濁質に光を当ててその透過光や散乱光の強さなどに基づいて測定する。国際的には，標準カオリンの代わりに，粒子の均一性に優れるホルマジン標準液を用いた**NTU**（nephelometric turbidity unit）が多く採用されている。両者の関係については，1NTU＝0.6～0.8度などが用いられることがある。

〔2〕 **浮遊物質**　**浮遊物質**（suspended solids，SS）は，水中に懸濁している固形物質のことである。2mmのふるい目を通した試料を孔径1μmのガラス繊維ろ紙でろ過し，ろ紙上の残渣《さ》を105～110℃で2時間乾燥させて質量を測定し，試料1L当りのmg数で表現する。粘土鉱物に由来する微粒子やプランクトン，排水中の有機性の固形物などが計測される。

〔3〕 **蒸発残留物**　**蒸発残留物**（total solids，TS）は，試料を蒸発乾固したときに残留する物質であり，水中の固形物質と溶存している塩類などの溶解性物質の総量となる。地下水や海水はカルシウム・マグネシウム，塩化ナトリウムなどが多く含まれるので，濃度は高くなる。

〔4〕 **強熱減量**　**強熱減量**（volatile solids，VS）は，浮遊物質を600℃程度の炉で30分間加熱させることによって減少した分の質量である。強熱後の残留物のほとんどは無機物質であるので，試料中の有機性の固形物質の濃度を表す指標となる。

〔5〕 **ノルマルヘキサン抽出物質**　**ノルマルヘキサン抽出物質**（normal hexane extracts）は，水中の油脂類（動植物系油脂や石油系炭化水素など）の

指標で，溶媒であるノルマルヘキサンによって抽出される不揮発性の物質として測定されるものである。

### 1.2.3　無機イオンに関連する指標

〔1〕**pH**　水中の水素イオン濃度の逆数の常用対数（$pH = -\log[H^+]$）であり，ガラス電極を用いたpH計で測定する。工場排水や鉱山廃水などの混入によってpHは変動するが，夏季に藻類の光合成が活発になることによってpHが上昇することもある。

〔2〕**電気伝導率**　**電気伝導率**（conductivity）は，水の導電性を示し，試料中に含まれるイオンの総量に関係するので，イオン濃度の高い海水や下水および下水処理水の混合の推定にも用いられる。断面積1 $cm^2$，距離1 cmの相対する電極間にある溶液の電気伝導度をμS/cmで表したものである。わが国の平均的な河川水では100 μS/cm程度，海水では45000 μS/cm程度である。また，水道水は100～200 μS/cm程度であり，純水で1 μS/cm以下，超純水で0.06 μS/cm以下，理論純水で0.05479 μS/cmとなる。

〔3〕**硬　　度**　**硬度**（hardness）とは，水中の$Ca^{2+}$および$Mg^{2+}$の濃度をこれに対応する$CaCO_3$の濃度〔mg/L〕で表したものである。これらのイオンは地質由来のものが多いが，下水あるいは下水処理水や海水の混入によることもある。これらのイオン濃度が高いと，せっけんの泡立ちを悪くして洗浄力を低下させる（hard to wash）ことが硬度の語源であり，それを「硬い」と訳したことから硬度と呼ばれ，別に水の硬さを意味するものではない。WHOによる飲料水の分類では，軟水：0～60 mg/L，硬水：120～180 mg/Lと分類されている。わが国の水道水質基準は硬度300 mg/L以下であるが，硬度の高い水はスケールの析出の問題を引き起こし，水の味にも影響を与える。

### 1.2.4　有機物関連指標

〔1〕**有機物指標の意義と種類**　水中には，糖，タンパク質，脂質など多くの種類の有機化合物が存在するため，有機物全体の存在量を評価するため

に，個別の種類の有機物ごとに定量することは困難であり，何らかの総括的な指標，すなわち有機物指標が必要となる。

有機物の量を，酸化する際に要求される酸素の量で表現するものが生物化学的酸素要求量（BOD）と化学的酸素要求量（COD）であり，両者は微生物によって生物学的に酸化するか，酸化剤によって化学的に酸化するかが違う。

化学的酸素要求量は使用する酸化剤によって特徴が異なり，過マンガン酸カリウムを使用するものを $COD_{Mn}$，クロム酸カリウムを用いるものを $COD_{Cr}$ と表す。BOD は河川の環境基準項目に，$COD_{Mn}$ は湖沼・海域の環境基準項目に用いられる（わが国で単に COD というと $COD_{Mn}$ を意味する）。$COD_{Cr}$ は，水処理の研究分野ではよく用いられ，また，諸外国では COD といえばこちらを指すことが多い。

一方，有機物には必ず炭素が含まれているため，炭素の量で有機物の量を表現するものが全有機炭素（TOC）であり，水道水質基準の有機物指標となっている。

〔2〕 **生物化学的酸素要求量**　**生物化学的酸素要求量**（biochemical oxygen demand，BOD）とは，細菌によって酸素の存在下で水中の有機物が好気的に酸化分解されるのに必要とされる酸素量のことである。水中の溶存酸素を消費する生物学的反応には，従属栄養細菌による有機物の分解のほかに，硝化菌によるアンモニア性窒素の酸化反応（硝化反応）がある。水中のアンモニアは，硝化菌によって下記の反応により容易に硝酸まで酸化され，同時に溶存酸素を消費する。

$$NH_4^+ + \frac{3}{2}O_2 \rightarrow NO_2^- + 2H^+ + H_2O$$

$$NO_2^- + \frac{1}{2}O_2 \rightarrow NO_3^-$$

**図1.7** に BOD と反応時間との関係を表す概念図を示す。第1段階の反応は，有機物の酸化反応に起因する BOD（炭素系 BOD）であり，次第に硝化菌の増殖に伴う BOD（窒素系 BOD）が遅れて生じてくる。歴史的にみると，ロンド

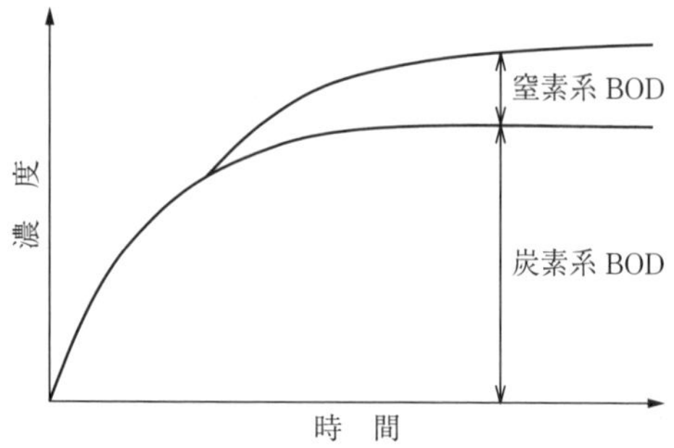


**図 1.7**　BOD と反応時間との関係（BOD 曲線）

ンのテムズ川の河川水が上流から海域に流れ込むまでに要する滞留時間が約 5 日間であったため，通常，BOD は 20℃で 5 日間に消費される酸素の量として定義されており（$BOD_5$ と標記されることがある），初期の硝化菌の量が少なければ，5 日程度であれば硝化の影響が少ないため，わが国でも $BOD_5$ が採用されている。ただし，硝化菌が初期から十分にある場合は，初期から窒素系 BOD が生じてしまい，$BOD_5$ が有機物指標とはならなくなってしまう。

**例題 1.3**

水中にアンモニア態窒素が 1 mg/L 存在し，これがすべて硝酸態窒素まで硝化されるとき，これに伴い消費される溶存酸素濃度はどれだけになるか。

**解答**

アンモニア態窒素が硝酸態窒素にまで硝化される反応は次式となる。

$$NH_4^+ \quad + \quad 2O_2 \quad \rightarrow \quad NO_3^- \quad + \quad 2H^+ \quad + \quad H_2O$$

したがって，アンモニア態窒素 1 mol の硝化には 2 mol の酸素が必要となるので，必要となる溶存酸素濃度は

$$(1\mathrm{mg/L})/(14\mathrm{g/mol}) \times 2 \times (32\mathrm{g/mol}) = 4.57\ \mathrm{mg/L}$$

となる。

■

〔3〕 **化学的酸素要求量**　**化学的酸素要求量**（chemical oxygen demand, COD）とは，水中の有機物が一定条件のもとで酸化剤により酸化分解される際に消費される酸化剤の量を酸素量に換算したものである。酸化剤として過マ

ンガン酸カリウムおよびクロム酸カリウムを用いる場合，それぞれ以下の反応で受け取る電子によって有機物は酸化される。

$$MnO_4^- + 8H^+ + 5e^- \rightarrow Mn^{2+} + 4H_2O$$

$$Cr_2O_7^{2-} + 14H^+ + 6e^- \rightarrow 2Cr^{3+} + 7H_2O$$

両酸化剤は有機物に対する酸化力が大きく異なる。**表 1.5** は各種有機物の COD 値の理論値（最終的に水と二酸化炭素に酸化されるまでの値）に対する比率を示したものであるが，ほとんどの有機物で $COD_{Cr}$ 法のほうが理論値に近い値を示しているのに対し，$COD_{Mn}$ 法では低級脂肪酸，アルコール，アミノ酸でかなり低い値となっている。

**表 1.5** 各種有機物の COD 値の理論値に対する比率（文献 3）を改変）

| 化合物 | 理論値に対する比〔%〕 | |
| --- | --- | --- |
| | $COD_{Cr}$ | $COD_{Mn}$ |
| 酢酸 | 94 | 7 |
| プロピオン酸 | 97 | 8 |
| 乳酸 | 87 | 40 |
| メタノール | 95 | 27 |
| エタノール | 94 | 11 |
| ベンゼン | 17 | 0 |
| フェノール | 98 | 68 |
| グルコース | 98 | 59 |
| 可溶性デンプン | 87 | 61 |
| セルロース | 92 | 0 |
| グリシン | 98 | 3 |
| アラニン | 97 | <1 |

酸素は下記の式に従って酸化作用を示す。

$$O_2 + 4H^+ + 4e^- \rightarrow 2H_2O$$

したがって，過マンガン酸カリウム 1 mol の消費は酸素 5/4 mol の消費に相当する。

〔4〕 **全有機炭素**　**全有機炭素**（total organic carbon，TOC）とは，水中

に存在する有機物中の炭素量をmg/Lで表したものである。BODやCODに比べて定量性に優れており，水環境や水処理の研究分野でも採用される例が増えている。定量は，試料を燃焼させて有機物中の炭素を二酸化炭素として計測して行うが，$HCO_3^-$などの無機物をカウントしないようにしている。溶解性のTOCを測定するため，試料をガラス繊維ろ紙やメンブレンフィルターでろ過した後にTOCを測定することもあり，**DOC**（dissolved organic carbon，**溶存有機炭素**）と呼ばれる。

**例題 1.4**

エタノール10 mgを水で希釈して1 Lにした。この水溶液の理論的なBOD濃度およびTOC濃度を求めよ。ただし，理論的なBOD濃度とは，有機物が完全に水と二酸化炭素に分解されるときに要求される酸素量とする。

**解答**

エタノールが酸化分解される反応式は下記のとおりとなり，エタノール1 molに対して酸素3 molが必要となる。

$$C_2H_5OH \quad + \quad 3O_2 \quad \rightarrow \quad 2CO_2 \quad + \quad 3H_2O$$

したがって，この水溶液の酸化分解に必要となる1L当りの酸素量，すなわちBOD濃度は

$$(10\ \mathrm{mg/L})/(46\ \mathrm{g/mol})\times 3\times(32\ \mathrm{g/mol})=20.9\ \mathrm{mg/L}$$

となる。また，エタノール1 mol当り炭素Cは2 molあるので，TOC濃度は

$$(10\ \mathrm{mg/L})/(46\ \mathrm{g/mol})\times 2\times(12\ \mathrm{g/mol})=5.2\ \mathrm{mg/L}$$

となる。■

〔5〕 **溶存酸素**　**溶存酸素**（dissolved oxygen）とは，水中に溶解している酸素$O_2$のことであるが，河川水などの有機物濃度が高くなると，細菌による有機物の分解によって溶存酸素が消費されるので，下排水などに由来する有機物汚染の指標となる。水中の溶存酸素濃度は，これらの消費がなければ，大気中の酸素の分圧との平衡により決定される飽和溶存酸素濃度となり，これは**図1.8**に示すように水温や塩分濃度に依存する。塩分濃度が0 mg/Lであれ

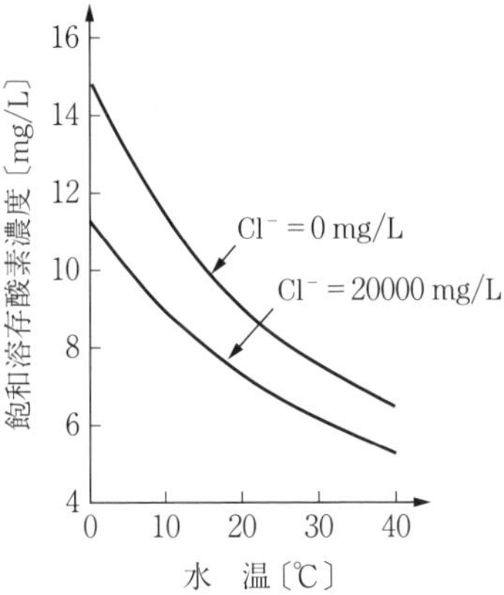


**図 1.8**　温度および塩化物イオン濃度が飽和溶存酸素濃度に与える影響

ば 25℃で 8.26 mg/L となる。

### 1.2.5 栄 養 塩 類

〔1〕 **窒 素 指 標**　窒素はリンとともに水中の栄養塩類の指標として重要であり，特に湖沼や湾内などの閉鎖性水域における富栄養化対策の指標として重要である。

**図 1.9** は自然界における**窒素**（nitrogen）の循環を示す。アンモニア（$NH_3$）は，水中ではほとんどが $NH_4^+$ の形で溶存しているが，溶存酸素の存在下で硝化菌によって酸化され，亜硝酸（$NO_2^-$），硝酸（$NO_3^-$）と変化するが，溶存酸素の存在しない条件では逆に還元される。水中の植物は $NH_4^+$ あるいは $NO_3^-$ を栄養分として摂取し，タンパク質（アミノ酸）を合成するが，動物は自らアミノ酸を合成することができないため，植物を摂取することで自らの体内のタンパク質をつくる。植物あるいは動物体として存在するタンパク質中の窒素は，おもに死滅後に細菌による生分解を受けて，$NH_3$（$NH_4^+$）に再び戻る。$NO_3^-$ は，溶存酸素が存在せず，有機物などの電子供与体の存在する環境下で，脱窒菌によって還元され，窒素ガス $N_2$ として大気に戻る。また，$NH_4^+$ と $NO_2^-$ は溶存酸素が存在しない環境下で anamox 菌によって窒素ガスに還元される。

自然界では生物学的に大気中の窒素（$N_2$）はアンモニアに還元されるが，

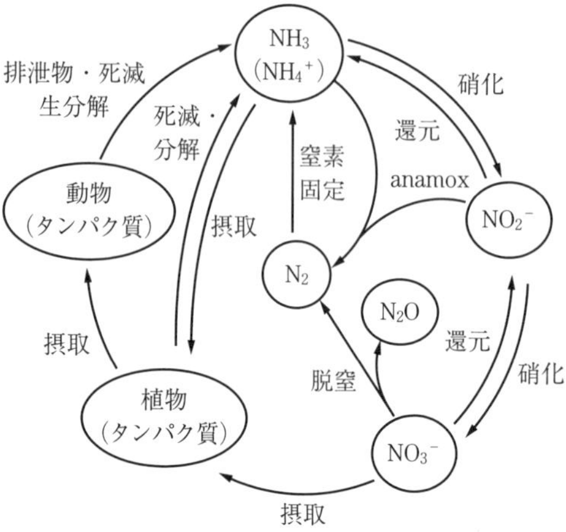


**図 1.9**　自然界における窒素循環

ハーバー・ボッシュ法によって人為的に窒素ガスからアンモニアが合成されるようになり，化学肥料として流通し，この窒素サイクルに組み込まれる。

硝酸イオン（$NO_3^-$）が窒素（$N_2$）に還元される過程で亜酸化窒素（$N_2O$）が中間生成物として発生する。$N_2O$ は窒素を含む有機物の燃焼の過程でも発生するが，温室効果が，1 分子当り $CO_2$ の 300 倍に相当するといわれ，地球温暖化対策のうえで重視されるガスである。

水質指標としては**アンモニア性（態）窒素**（ammonium nitrogen），**亜硝酸性（態）窒素**（nitrite nitrogen），**硝酸性（態）窒素**（nitrate nitrogen），**有機性（態）窒素**（organic nitrogen），および**全窒素**（total nitrogen）が用いられる。アンモニア性窒素，亜硝酸性窒素，硝酸性窒素はそれぞれ，水中に存在するアンモニウムイオン（$NH_4^+$），亜硝酸イオン（$NO_2^-$），硝酸イオン（$NO_3^-$）の存在量を窒素の質量として表すもの，有機性窒素はタンパク質などの有機物中に存在する窒素の質量を表すもので，全窒素はこれらの総和となる。例えば，水 1 L 中に $NH_4^+$ が 1 mol，アミノ酸の一つであるグリシン（$CH_2(NH_2)COOH$）が 1 mol 存在する場合，アンモニア性窒素濃度は 14 g/L，有機性窒素濃度は 14 g/L，全窒素濃度は 28 g/L となる。水中の窒素の形態は図に示すようにさまざまに変化するが，窒素 $N_2$ などになって水中より大気に放出されるか，固形物の形で沈殿して水中より除去されない限り，全窒素濃度は変化しないことになる。

〔2〕 **リン指標**　**リン**（phosphorus）は，窒素と並んで微生物や藻類などの増殖に必要な栄養塩類の指標として重要なものである。**図1.10**は自然界におけるリンの循環を示したものである。リンは生体内では，DNA，RNA などの遺伝情報をつかさどるもの，ATP などのエネルギー代謝に関与するもの，リン脂質として細胞膜を構成するもの，骨格や外殻を形成するものとして存在する。これらの生体内に存在するリンは，生物の死滅・生分解の過程を経て，リン酸イオン（$PO_4^{3-}$）として水中に溶存する形態となる。これらのすべての水中に存在するリンは，存在量をリンの質量で表す**全リン**（total phosphorus）として示される。例えば，水 1L 中にリン酸（$H_3PO_4$）が 1 mol 存在すると，全リン濃度は 31 g/L となる。

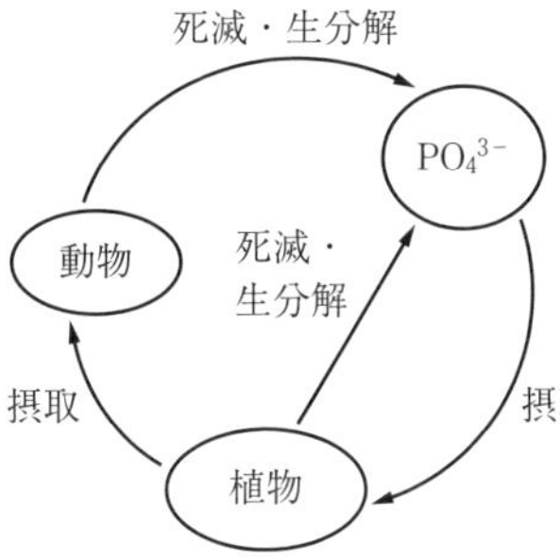


**図1.10**　自然界におけるリン循環

水中に $Ca^{2+}$，$Al^{3+}$，$Fe^{3+}$ などの金属イオンが存在すると，リン酸イオンはこれらと結合して不溶解性の塩として析出する。これを利用して，下水処理過程でリンを除去することができる。不溶解性の塩としては，**ヒドロキシアパタイト**（hydroxyapatite，HAP）$Ca_5(PO_4)_3(OH)$，**リン酸マグネシウムアンモニウム**（magnesium ammonium phosphate，MAP）$MgNH_4PO_4 \cdot 6H_2O$ があるが，これらの結晶化を促進させて下排水よりリンを回収する技術も開発されている。

### 1.2.6 微生物指標

〔1〕 **微生物指標の種類と意義**　水環境中にはさまざまな微生物が存在するが，これらの微生物をそのまま菌種ごとに計測するのではなく，測定の目的に応じて代替となる微生物指標を用いることが多い。

**表1.6**は現在のわが国の水質関係の基準で用いられている微生物指標の適用先と指標の意味をまとめたものである。水系感染症を引き起こす微生物の多くがヒトや動物のふん便に由来するため，ふん便汚染があれば必ず検出される指標，つまり，ふん便汚染を疑わせる指標によって水系の微生物汚染を管理することが求められる。大腸菌，大腸菌群は，ふん便汚染の指標となる微生物指標の代表であり，例えば，水道水質基準では大腸菌は不検出でなければならない。一方，一般細菌は，当初はふん便汚染の指標として用いられてきたが，近年では排水による汚染一般や水道水中の細菌の総量として意味づけられる。従属栄養細菌も一般細菌と同様の意味があるが，近年では水道水の給配水系における細菌の総量を表す指標として注目されている。

**表1.6**　おもな微生物指標と適用先

| 指標菌 | 指標の意味 | 適用される基準 | | | |
|---|---|---|---|---|---|
| | | 環境基準 | 排水基準 | 水道水質基準 | 水質管理目標設定項目 |
| 大腸菌 | ふん便汚染 | | | ○ | |
| 大腸菌群数 | ふん便汚染 | ○ | ○ | | |
| 一般細菌 | 排水による汚染，水道の消毒効果（高温・高有機物濃度で増殖可能な細菌） | | | ○ | |
| 従属栄養細菌 | 低温・低有機物濃度における増殖可能な細菌 | | | | ○ |

〔2〕 **大腸菌・大腸菌群**　**大腸菌**（*Escherichia Coli.*）は，病原性大腸菌などの一部の大腸菌を除いて，それ自体に病原性はないものの，哺乳類のふん便中に必ず存在するため，ふん便汚染の指標微生物としては最も信頼できるものである。しかしながら，かつては大腸菌を直接計測することが困難であった

ため，代替指標として計測が容易な**大腸菌群**[†1]（coliform group）が用いられてきた。大腸菌群として検出される細菌には，大腸菌は含むがそれ以外の土壌中の細菌なども含まれるため，ふん便汚染の正確な指標とはならない。ところが近年，大腸菌を簡易に測定する方法（特定酵素培地法）が開発され，2003 年に水道水質基準として採用されるに至った。これら三者の関係の概略を図示すると**図 1.11** のようになる。

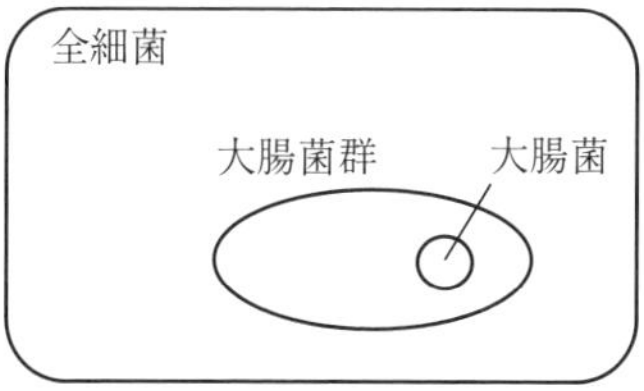


**図 1.11**　大腸菌，大腸菌群の概念図

〔3〕 **一般細菌・従属栄養細菌**　**一般細菌**[†2]（standard plate count）は，哺乳類の体温前後の温度で比較的短時間に集落を形成する細菌であり，検出される細菌のほとんどに病原性はないが，多数検出される場合は，ふん便や排水によって汚染されていることを疑わせるため，水道水質基準における微生物指標として用いられてきた。

しかし，一般細菌は比較的高濃度の有機物の存在下で高温条件下かつ短期間で増殖する菌を計数しており，水道の給配水系統など，低温で有機物濃度が低い条件で増殖可能な細菌を計数していない。給配水系内における生物膜の増殖の対策がレジオネラ症対策など水道水の衛生性の確保のために重要となっているなか，有機物を比較的低濃度に含む培地を用いて，低温で長時間培養したとき，培地に集落を形成するすべての細菌を計数できる**従属栄養細菌**（heterotrophic bacteria）が水質管理目標設定項目に設定され，暫定基準が 2000 cfu/mL と定

†1　大腸菌群の定義：グラム陰性，無芽胞の桿《かん》菌であって，乳糖ブイヨン-ブリリアントグリーン乳糖胆汁ブイヨン培地法（LB-BGLB 法）によって乳糖を分解して酸とガスを生じる好気性または通性好気性の細菌。

†2　一般細菌の定義：標準寒天培地（ペプトン，酵母エキス，グルコースおよび粉末寒天よりなる）を用いて 36℃で 24 時間培養したとき，培地に集落を形成するすべての細菌。

められている[†]。

**コ ラ ム**

**PCR 法による微生物の検出**

従来，水中の微生物の検出は，微生物を直接培養させる培養法や検鏡法が中心であったが，近年，分子生物学的手法を用いた検出方法，とりわけ **PCR**（polymerase chain reaction）法を利用した方法の開発が進んでいる。PCR 法は目的とする微生物に特異的な DNA 領域を特異的かつ大量に増幅させて，これを蛍光標識によって検出することにより，直接微生物を検出するものである。リアルタイム PCR は DNA の増幅過程を解析することによって，微生物を定量する方法である。ただし，PCR 法では DNA を計測するため，微生物の生死は判定できないことに注意する必要がある。

〔4〕 **原 虫 類**　原虫とは単細胞の微生物で，アメーバなどもこれに含まれるが，ある種の原虫はヒトに寄生して病気を引き起こす。クリプトスポリジウムはヒトのほか，牛，豚などの哺乳類の腸管内に寄生する原虫で，ふん便とともに排出されるが，水中では 4 ～ 6 μm のオーシスト（接合子嚢《しのう》，成熟卵嚢子とも呼ばれる）の形態で存在する。これを経口摂取すると下痢などを発症するが，オーシストは耐塩素性が強く，通常の塩素消毒によっては完全に不活化しないため，浄水場においては，ろ過を適正に行う，紫外線処理を導入するなどの対策がとられる。

### 1.2.7 有害物質・重金属類

〔1〕 **重 金 属 類**　重金属とは，一般に密度が $4\ \mathrm{g/cm^3}$ 以上の金属をいうが，重金属あるいは金属と非金属の中間的な性質を示す元素には，人体に有害な物質が多く含まれている。おもな重金属を**表 1.7** に示す。

多くの重金属類は工場排水に含まれていることが多いが，これらの水酸化物

---

† 従属栄養細菌の計数法：R2A 寒天培地（酵母エキス，トリプトン，ペプトン，ブドウ糖，デンプン，リン酸二カリウム，硫酸マグネシウム，ピルビン酸ナトリウム，寒天を含む）を用いて，20 ± 1℃ で 7 日間培養したとき，培地上に形成するすべての細菌のコロニーを集落形成単位（cfu）数として計数する。

表 1.7 おもな重金属

| 元素名 | | 用　途 |
|---|---|---|
| 水銀 | Hg | 蛍光灯，蓄電池，触媒 |
| カドミウム | Cd | 顔料，合金，塩化ビニル安定剤 |
| 鉛 | Pb | 鉛管，蓄電池，はんだ，顔料 |
| ヒ素 | As | 木材防腐剤，医薬品の原料 |
| 六価クロム | Cr（VI） | なめし，染料 |
| セレン | Se | ガラス，セラミックス |

や硫化物が不溶解性であることを利用して除去する水酸化物法や硫化物法が広く用いられている。

〔2〕 **有機塩素化合物類**　有機物の水素が塩素に置き換わった化合物は**有機塩素化合物**（organic chlorinated compound）といわれるが，ドライクリーニングなど日常生活や産業において広く用いられているものの，一般に生分解性が低く，毒性を持つものが多い。

**表 1.8** は水質環境基準に関連する有機塩素化合物の構造式および用途を示したものである。これらの物質は産業などで用いられるものであるが，このほかに，浄水場において塩素消毒をする際に，有機物と反応して生成する物質もあり，クロロホルムなどのトリハロメタン類，ハロ酢酸類などがある。

表 1.8 水質環境基準に関連する有機塩素化合物の構造式および用途

| 化合物名 | クロロホルム | ジクロロメタン | 四塩化炭素 | トリクロロエチレン | テトラクロロエチレン |
|---|---|---|---|---|---|
| 構造式 | 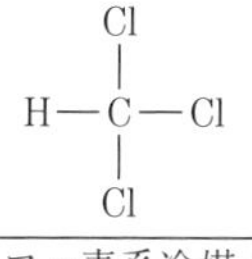 | 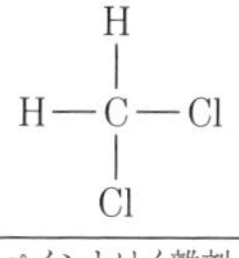 | 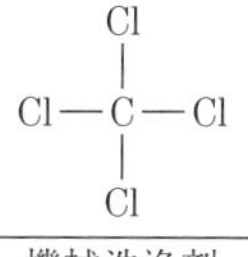 | 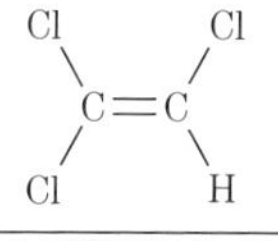 | 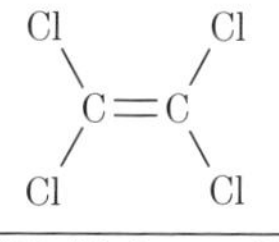 |
| 用　途 | フッ素系冷媒 | ペイントはく離剤 | 機械洗浄剤 | 金属脱脂洗浄剤 | ドライクリーニング |

〔3〕 **ダイオキシン類**　**ダイオキシン類**（dioxins）は，廃棄物焼却施設の焼却プロセスなどによって生じる物質であり，人体に大きな毒性を持ち，水系や大気，土壌などにおける基準値は，ダイオキシン類対策特別措置法によって規定されている。ダイオキシン類は，**図 1.12** で示すような二つのベンゼン環に塩素がつく形の化合物の総称で，ポリ塩化ジベンゾ-パラ-ジオキシン

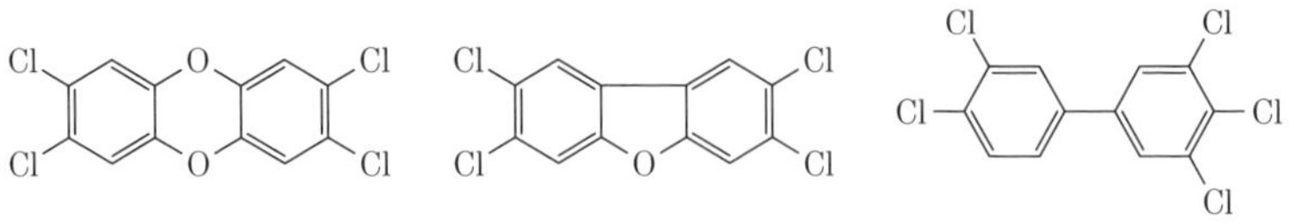


（a） PCDD　　（b） PCDF　　（c） コプラナー PCB

**図 1.12**　ダイオキシン類の例

(PCDD)，ポリ塩化ジベンゾフラン（PCDF）およびコプラナーポリ塩化ビフェニル（コプラナー PCB）の 3 種類が含まれる。塩素がベンゼン環につく位置には図で例示したもの以外にもさまざまなパターンがあり，それぞれ毒性は異なる。これらのうち，図 (a) のもの（2, 3, 7, 8-TeCDD）が最も毒性が強いといわれ，この毒性を 1 としてほかのダイオキシン類の毒性の強さを換算し，すべてのダイオキシン類の値の総和を**毒性等量**（toxicity equivalent quantity, TEQ）として表して，量や濃度を表している。

ダイオキシン類は水に溶けにくいが，脂肪などには溶けやすく，水中ではおもに固形物に吸着した形で存在する。ダイオキシン類の環境基準は，下記のとおりである（pg（ピコグラム）$=10^{-12}$ g)。

大気：年平均値　0.6 pg-TEQ/$m^3$ 以下

水質：年平均値　1 pg-TEQ/L 以下

底質：150 pg-TEQ/g 以下

土壌：1000 pg-TEQ/g 以下

ごみ焼却場などにおける燃焼効率の向上などの対策によって，ダイオキシン類の環境中への放出量は減少しており，現在ではほとんどの地点で環境基準を達成している。

## 1.3　微生物の種類と反応

### 1.3.1　微生物の種類と水系における存在

学術的に厳密なわけではないが，水中に存在する微生物を河川や湖沼などの

- 微生物
  - 光合成 …… 藻類
  - 化学合成
    - 嫌気性 …… メタン生成菌（有機物 → $CH_4+CO_2$）
    - 無酸素 ……
      - 脱窒菌（$NO_3^-$ ＋有機物 → $N_2$）
      - 硫酸還元菌（$SO_4^-$ ＋有機物 → $H_2S$）
    - 好気性
      - 独立栄養 ……
        - 硝化細菌（$NH_4^+ + O_2 \rightarrow NO_2^-$，$NO_2^- + O_2 \rightarrow NO_3^-$）
        - 鉄バクテリア（$F^{2+} + O_2 \rightarrow Fe^{3+}$）
      - 従属栄養 …… 多くの土壌中の細菌（有機物＋$O_2 \rightarrow CO_2+H_2O$）

**図 1.13**　自然水系や水処理プロセスの視点からみた微生物の分類。（　）はエネルギー獲得のための化学反応

水環境や水処理プロセスなどの視点から分類すると，おおむね**図 1.13** のようになる。

微生物が増殖に必要なエネルギーを獲得する手段は，湖沼水中で増殖する藻類などのように光合成による場合と，その他の多くの細菌類などのように化学合成によってエネルギーを得る場合に分けられる。化学合成に必要な反応は，酸素が不要な場合（嫌気性），酸素は不要であるが硝酸イオンや硫酸イオンなどを求める場合（無酸素），酸素が必要な場合（好気性），に分類される。微生物自体の骨格は有機物で構成されるため，その合成には炭素源が必要となるが，水中に溶存している二酸化炭素を利用する形態を独立栄養，水中の有機物を摂取して利用する形態を従属栄養という。藻類や硝化菌，二価の鉄を三価の鉄に酸化することによってエネルギーを獲得する鉄バクテリアなどは独立栄養の微生物である。

### 1.3.2　微生物による反応式

微生物は基質（微生物の増殖に必要な栄養）を消費してエネルギーを獲得しながら細胞を合成して増殖するが，その増殖速度は，その時点で存在する微生物の濃度に比例し，以下の式が成立する。

$$\frac{dX}{dt}=\mu X \quad （微生物が増殖のみし，死滅がない場合） \tag{1.5}$$

ここに，$X$：水中の微生物濃度〔mg/L〕，$t$：時間〔h〕，$\mu$：比増殖速度〔$h^{-1}$〕である。ここでは，微生物の濃度は，単位体積当りの質量で表現している。

比増殖速度が一定であれば，微生物濃度は限りなく増えていくことになるが，実際には比増殖速度は基質濃度の関数となり，基質濃度が小さくなると小さい値をとるようになる。比増殖速度と基質濃度の関係を表す式としてよく用いられるのが，以下の Monod の式である。

$$\mu=\mu_{max}\frac{S}{K_s+S} \tag{1.6}$$

ここに，$\mu_{max}$：最大比増殖速度〔$h^{-1}$〕，$S$：基質濃度〔mg/L〕，$K_s$：飽和定数〔mg/L〕である。

一般に，最大比増殖速度と飽和定数は，微生物と基質の種類によって（温度などの条件によるが）一定の値をとる。したがって，基質濃度が 0 になると微生物の増殖速度は 0 となり，増殖が止まる。また，基質濃度 $S \gg K_s$ の条件下では，$\mu=\mu_{max}$ となり，増殖速度は最大値をとることになる。

微生物は，実際は増殖と同時に死滅もするため，式 (1.5) に死滅に関する項を加えて，下記の式で微生物の濃度の変化は記述される。

$$\frac{dX}{dt}=\mu X-k_d X \tag{1.7}$$

ここに，$k_d$：死滅係数〔$h^{-1}$〕である。

回分培養（反応器に微生物と基質を一度に入れて反応させ，その後，微生物や基質の流入や流出のない条件）において，式 (1.7) および式 (1.6) を解くと，**図 1.14** のような微生物および基質濃度の変化の曲線を得る。微生物は新たな環境に順応して増殖を準備する「停滞期」を経ると，基質濃度が十分に高い間は比増殖速度が最大値に近く，指数的に増殖するが（対数増殖期），その後，基質濃度が微生物による消費によって低下すると，比増殖速度が小さくなって死滅速度とほぼ釣り合うようになり（$\mu \cong k_d$），微生物濃度はほぼ一定となる

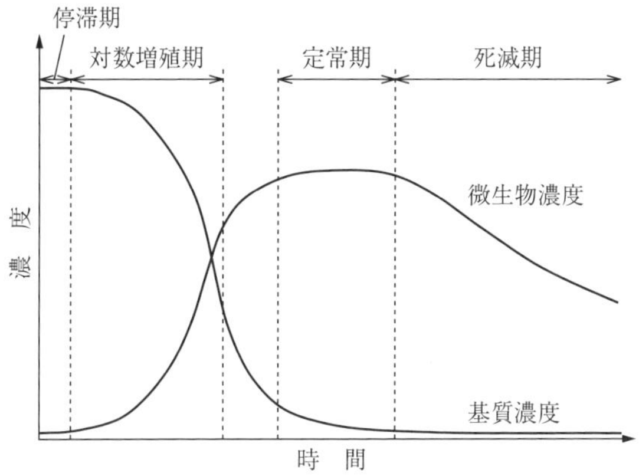


**図 1.14**　回分培養における微生物および基質濃度の変化

(定常期)。その後，基質がほぼ消費されつくされて濃度がほぼ0になると，比増殖速度 $\mu \cong 0$ となって，微生物濃度は死滅により次第に減少していく。

**例題 1.5**

微生物の回分培養において，初期の微生物濃度が $X_0=1$〔mg/L〕，最大比増殖速度 $\mu_{\mathrm{max}}=1.0$〔$\mathrm{h}^{-1}$〕で基質がつねに十分にあり（$S \gg K_s$），微生物の死滅を無視できる（$\mu_{\mathrm{max}} \gg k_d$）とすると，2時間後の微生物濃度はどれだけになるか。

**解答**

$S \gg K_s$ より $\mu=\mu_{\mathrm{max}}$ が成立し，また，$k_d=0$ とみなしていいことから，微生物濃度 $X$ に関して，以下の式が成立する。

$$\frac{dX}{dt}=\mu_{\mathrm{max}}X$$

初期条件を，$t=0$，$X=X_0$ として上式を解けば

$$X=X_0\exp(\mu_{\mathrm{max}}t)$$

となるから，$t=2$〔h〕を代入して，2時間後の微生物濃度 $X=7.4$〔mg/L〕となる。■

**例題 1.6**

微生物の回分培養を行ったところ，増殖により微生物濃度が上昇した後に，

死滅によって減少した。微生物濃度が最大のとき，反応槽内の基質濃度はどれだけであったか。ただし，$K_s = 10$〔mg/L〕，$\mu_{\max} = 1.0$〔$h^{-1}$〕，$k_d = 0.10$〔$h^{-1}$〕であるとする。

**解答**

微生物濃度の変化は次式で表される。

$$\frac{dX}{dt} = \mu X - k_d X$$

微生物濃度が最大のときは，上式の左辺＝0であるから

$$\mu = \frac{S}{K_s + S}\mu_{\max} = k_d$$

が成立する。したがって，$S = 1.1$〔mg/L〕を得る。■

## 1.4　水域における水質変換機構

### 1.4.1　河川における自浄作用の式

河川では，水中の有機物が流下に伴って除去されて有機物濃度が減少していく，自浄作用が備わっている。それにかかわる機構の概念図を**図 1.15** に示す。

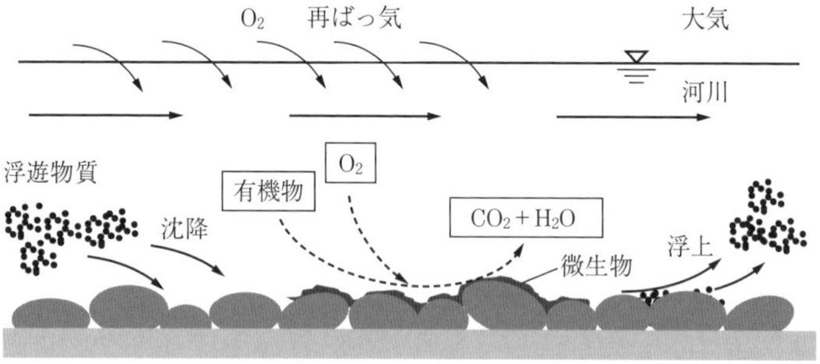


**図 1.15**　河川における自浄作用のメカニズム

河川中の浮遊物質（有機物を含む）は，流下に伴って沈降して水中より除去されるが，洪水時など河川流速が大きくなると，一度沈降したもので再び浮上することがある。水中に溶存している有機物は，おもに河床の礫《れき》などの表面に

付着している微生物（生物膜）によって，酸素を利用して好気的に分解され，水中より除去され，この反応に必要な溶存酸素は，大気より河川表面を通って供給される（再ばっ気）。これらの現象にかかわる有機物濃度（BOD）および溶存酸素濃度（DO）の時間変化は以下の式（**Streeter-Phelps 式**（Streeter-Phelps equation））で表すことができる。

$$\frac{dL}{dt} = -K_1L - K_3L \tag{1.8}$$

$$\frac{dC}{dt} = -K_1L + K_2(C_s - C) \tag{1.9}$$

ここに，$L$：BOD 濃度〔mg/L〕，$C$：溶存酸素濃度〔mg/L〕，$t$：時間〔day〕，$K_1$：脱酸素係数〔$day^{-1}$〕，$K_3$：沈殿などによる BOD 濃度の減少係数〔$day^{-1}$〕，$K_2$：再ばっ気係数〔$day^{-1}$〕，$C_s$：飽和溶存酸素濃度〔mg/L〕である。

式 (1.8) は，BOD 濃度の減少を微生物による消費および沈殿による一次反応で表している。式 (1.9) は DO 濃度の減少を式 (1.8) 中の微生物による反応による消費と表面からの再ばっ気による供給の合計として表しているが，微生物による消費量は BOD の減少量と等しく，また再ばっ気の大きさは，飽和溶存酸素濃度と，そのときの DO 濃度との差に比例するとしている。

再ばっ気係数 $K_2$ は，河川流速が大きく水表面の流れの乱れが大きいとき，また，水深が浅く河川水量に対する表面積の割合が大きいほど大きくなる。$K_1 + K_3$ の値は実河川における測定により求めることができるが，おおむね 0.1 ～ 1 $day^{-1}$ 程度の範囲にあることが多い。また，溶存酸素濃度 $C$ の変化を決定するパラメータとして Fair の自浄係数 $f$（$= K_2/K_1$）が重要であるが，ゆるやかな流れで 1.0 ～ 1.5 程度，緩流の河川で 1.5 ～ 2.0 程度，急流の大河川で 2.0 ～ 3.0 程度，滝などで 5.0 以上程度の値となる。

式 (1.8) において $K_3 = 0$ とし，与えられた初期条件のもとで式 (1.8)，(1.9) を解くと，**図 1.16** のような解を得る。DO 濃度は有機物の消費に伴って減少するが，その後，再ばっ気によって上昇に転じる曲線となる。

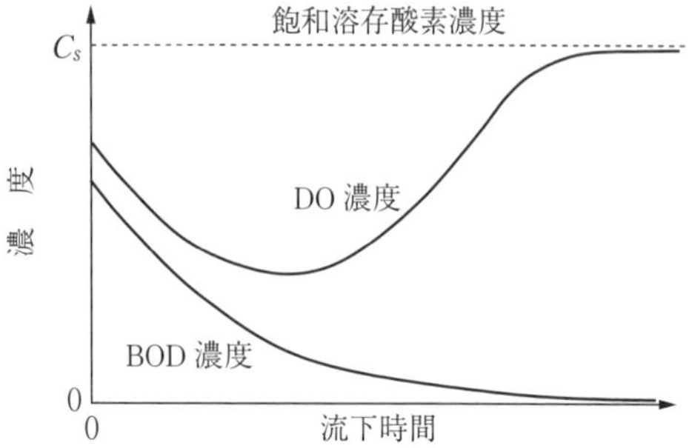


**図 1.16**　Streeter-Phelps 式による河川の流下方向の溶存酸素および BOD 濃度の変化

**例題 1.7**

河川のある地点で BOD 濃度 $L_0=10$〔mg/L〕であるとき，これより $x=10$〔km〕下流の地点での BOD 濃度 $L$ は，自浄作用によっていくらになると予想されるか。ただし，$K_1+K_3$ の値が 0.5 day$^{-1}$ であり，河川流速 $v=0.5$〔m/s〕であるとする。

**解答**

河川の自浄作用の式 (1.8) を初期条件 $t=0$，$L=L_0$ で解くと

$$L=L_0\exp(-(K_1+K_3)t)$$

を得る。流下時間 $t=x/v=(10\text{ km})/(0.5\text{ m/s})=0.23$〔day〕より，$L=8.9$〔mg/L〕となる。

### 1.4.2　湖沼など閉鎖性水域における反応とモデル化

**図 1.17** は夏期における湖沼の水質の挙動の概念図を示したものである。光は水中の濁質などの影響によって，水深方向に減衰していき，表面近くの光が十分に届く層（有光層）とそうでない層（無光層）におおむね分けられる。有光層では水温が上昇するが，水温の高い水塊は低い水塊よりも密度が小さいため，深さ方向にあまり混合せず，図に示すような水温躍層（水深 5 ～ 10 m 程度）を形成して表層と深層が明確に分離される。

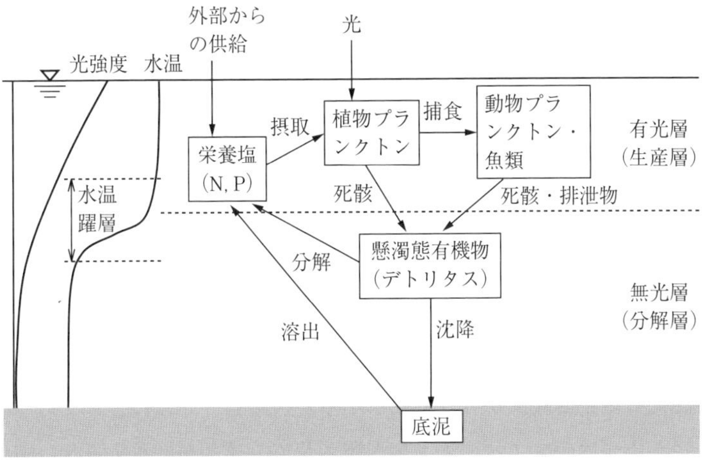


**図 1.17** 湖沼における水質の挙動の概念図（夏期）

表層では十分な光強度と高い水温，および栄養塩の存在によって植物プランクトン（藻類）の増殖を促進させ，これを捕食する動物プランクトンおよびさらにこれを捕食する魚類などの増殖・生産を促す。プランクトンや魚類などの死骸や排泄《せつ》物は，懸濁態の有機物（デトリタス）となり，やがて沈降して底泥となるが，これらが分解すると栄養塩類となって再び植物プランクトンの増殖に利用される。

湖や内湾など，外部との水の交換があまりない水域（閉鎖性水域）では，このようにN，Pの栄養塩類が過剰に流入し，藻類の増殖に利用されることによって有機物濃度が上昇する現象がみられる。これを富栄養化と呼ぶが，閉鎖性水域における水質管理には，BOD や COD などの有機物だけでなく，栄養塩の管理が重要であることが理解できる。

ダム湖などにおける富栄養化対策として，上昇気泡による湖沼水のかくはん作用によって水温躍層を破壊して藻類増殖を抑制する手法も採用される例が多い（**図 1.18**）。

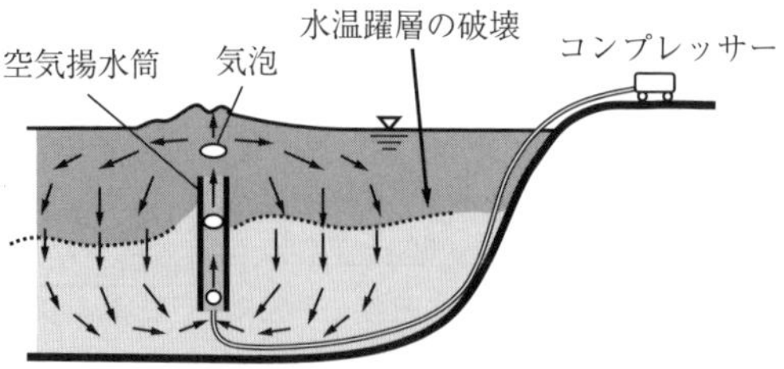


**図 1.18**　湖沼における空気揚水筒を用いた富栄養化対策

**例題 1.8**

ある湖沼の全窒素濃度が 5.0 mg/L，全リン濃度が 0.20 mg/L であった。これらの栄養塩が藻類によって最大限消費されて，藻類が増殖すると，湖沼水中の COD はどれだけ増加するか。ただし，藻類の元素組成を $C_{106}H_{181}O_{45}N_{16}P$ であるとし，藻類の乾燥重量 1 g 当りの COD 量は 0.5 g であるとする。また湖に新たな栄養塩の負荷は流入しないものとする。

**解答**

与えられた藻類組成から，各元素の原子量を考慮して各元素の重量比を求めると，以下のようになる。

$$C : H : O : N : P = 52.4 : 7.5 : 29.7 : 9.23 : 1.28$$

藻類中の N : P の比は，7.2 : 1 であり，現在の湖の T-N : T-P は 25 : 1 であるから，先に消費してなくなるのは T-P のほうである（T-P が制限因子となっている）。したがって，湖中の T-P がすべて藻類となると，生産される藻類の重量は

$$(0.2\ \mathrm{mg/L})/0.0128 = 15.6\ \mathrm{mg/L}$$

となるから，COD 濃度に換算すると，$(15.6\ \mathrm{mg/L}) \times 0.5 = 7.8\ \mathrm{mg/L}$ となる。

### 1.4.3 地下水汚染

地下水は河川などの地表水と異なって流れが遅く，土壌の条件により異なるが 1 年当り数 m ～数百 m 程度といわれており，一度汚染されると回復するまでに長期間を要する。

近年，特に注意を払うべき汚染メカニズムは，① 農地において過剰な窒素系

肥料が地下に浸透し，土壌中で硝化菌によって硝酸となって地下水に混入するもの，②工場などで使用済みの有機塩素化合物が地下に浸透するもの，である（**図 1.19**）。そのほかにも油類や重金属類の汚染にも注意する必要がある。

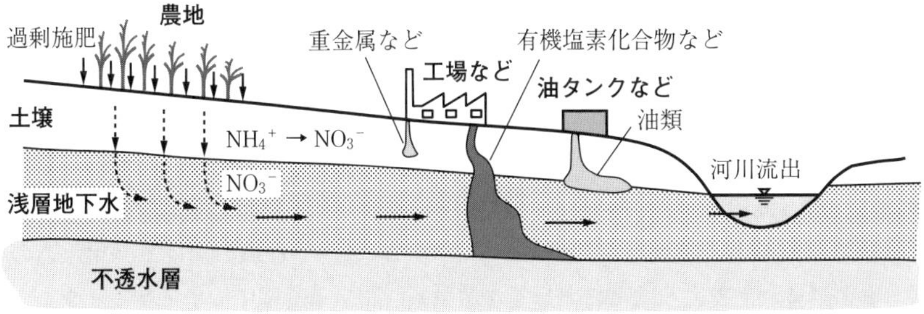


**図 1.19**　地下水汚染のメカニズム

## 演　習　問　題

〔1.1〕　延長距離 1 km，内径 $d=500$〔mm〕の水道管内に流量 $Q=0.1$〔$m^3/s$〕の水道水を流すためには，両端でどれだけの圧力水頭差が必要となるか。ただしヘーゼン・ウイリアムス式の流量係数 $C=130$ とする。

〔1.2〕　水道水質基準では，濁度は規定されているが SS に関する基準はない。その理由はなぜか考えよ。

〔1.3〕　有機物指標として，BOD を用いることの問題点にはどのようなことが考えられるか。

〔1.4〕　農作物や園芸用の肥料中の重要な成分は，窒素，リン，カリウムであり，この三つの元素は湖沼や海域に存在する植物プランクトンにとっても必須の元素である。しかしながら，水環境の指標としてカリウムはあまり重要ではないが，その理由は何か。

〔1.5〕　水道水中から大腸菌が検出されてしまった場合，どのような原因が考えられるか。

〔1.6〕　BOD 成分を中心とする汚水が流入している河川において，降雨によって河川流量が増えた後，水中の溶存酸素の欠乏によって死んだ魚類が大量に浮き上がる被害が生じた。どのような理由が考えられるか。

〔1.7〕　湾内におけるプランクトン増殖の対策として，底泥に砂などで覆うふく砂がなされることがあるが，なぜそのことが有効なのか説明せよ。

# 2章 都市における水循環系

◆本章のテーマ

本章では，都市における水循環系，すなわち水道，下水道および工業用水道の概要，およびそれを支える流域における水循環系に関する基礎について学ぶ。また，これらの水循環系の水質保全などにかかわる法制度についても理解を深める。

◆本章の構成（キーワード）

2.1　流域における水循環系
　　流域，水資源，水利権，水資源賦存量
2.2　都市における水循環系の概要
　　水道，下水道，工業用水道
2.3　水環境にかかわる法制度
　　水質環境基準，排水基準，水道水質基準，下水排除基準，水質総量規制
2.4　流域単位での水環境保全計画の考え方
　　流域別下水道整備総合計画，汚濁負荷量，汚濁原単位
2.5　水質環境基準の達成状況
　　公共用水域，地下水

◆本章を学ぶと以下の内容をマスターできます

☞　流域および都市における水循環系の基礎を理解できる。
☞　水環境にかかわる法制度全体の理解を深めることができる。
☞　流域単位での水環境保全の考え方について理解できる。

# 2.1　流域における水循環系

## 2.1.1　自然の水循環系

自然の水循環系の概略を**図 2.1** に示す。山間地に降った雨は，大部分は土壌に浸透して貯えられ，さらに浸透して地下水となり，あるいは再び地上に湧き出て（湧水）河川となり，海へと流出していくが，土壌に浸透しきれない降雨は地表をそのまま流下する。この山間地の土壌の貯水機能は，やがて雪解け水となる積雪とともに安定した河川流量の維持に寄与している。

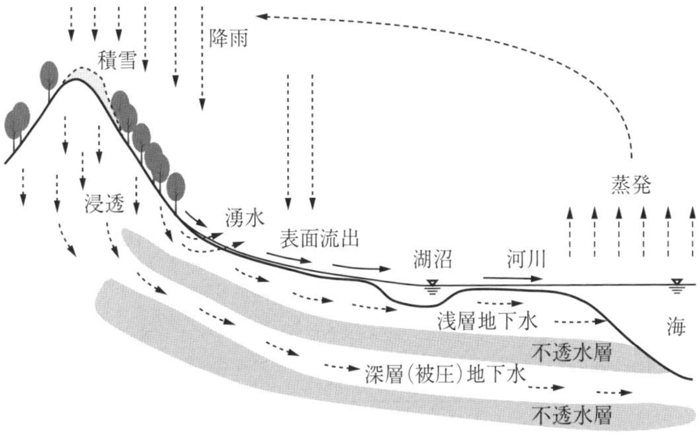


**図 2.1**　自然の水循環系

地下水には，表面近くの土壌中をゆっくりと透過する**浅層地下水**（shallow groundwater）と，不透水層に挟まれ，山間地から押し込まれる圧力を保ったまま浸透する**深層地下水**（deep groundwater，被圧地下水）がある。前者は地表水の影響を受けやすく汚濁しやすいが，後者はおおむね 100 m 程度以深に存在し，ときには自噴することもあり（**図 2.2**），一般に水質が良好である。

**図 2.3** に，ある地点の降水量とそれより下流に位置する河川流量の変化の関係の概念図を示す。降雨は地下に浸透せずに直接河川に流出する成分（直接流出）と，一度地下に浸透してからゆっくりと流出する部分（基底流量）に大まかに分けられ，直接流出は下流における洪水の原因となり，安定した基底流量

図2.2　阿蘇山の麓で自噴する深層地下水（熊本県）

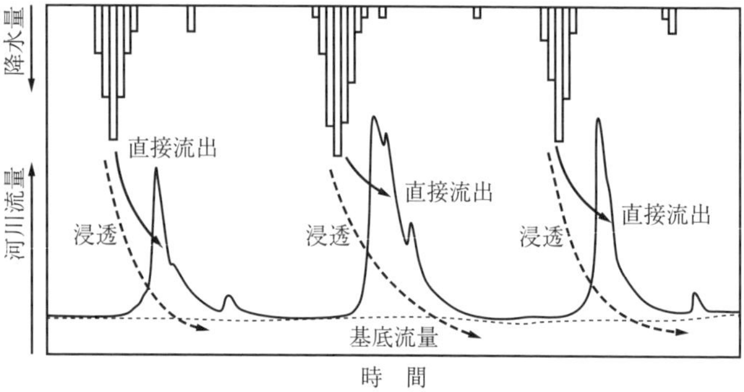


図2.3　降雨の流出特性（ハイドログラフ）

は，飲料水，農業用水ほかの，さまざまな利水に寄与することになる。上流域の水源林の存在が自然のダムの役割を果たすことが理解できる。

### 2.1.2　流　域　と　は

**流域**（river basin）とは，ある河川に雨水（積雪を含む）が降り集まって河川水を供給する地域のことで集水域ともいう。隣り合う河川の流域の境界は，分水嶺となる。流域は河川の地点に対して定義され，同じ河川でも河口に対する流域と，河川の中流の地点に対する流域は異なる。

**図2.4**は首都圏の重要な流域である利根川流域，荒川流域，多摩川流域を示

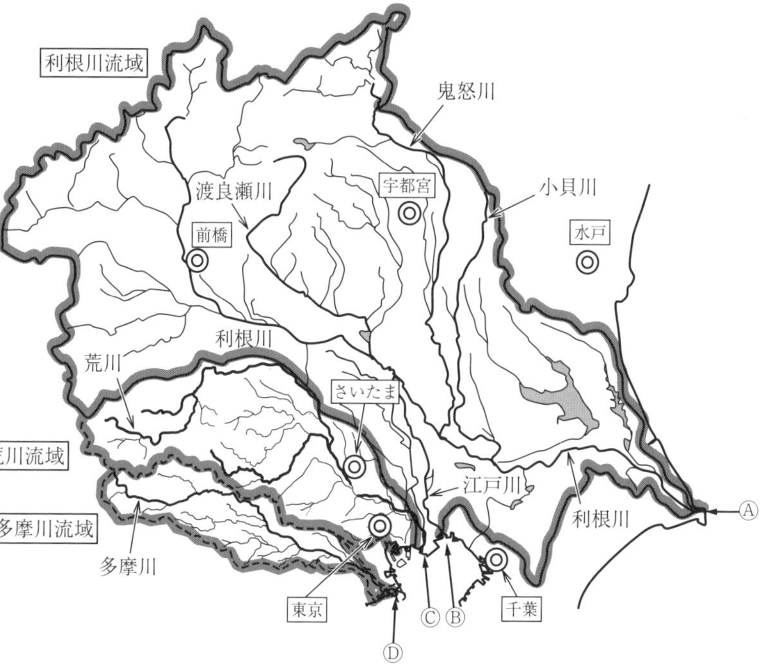


**図 2.4**　利根川・荒川・多摩川流域図

したものである。利根川流域は群馬県，栃木県および茨城県南部と，荒川流域は埼玉県と，多摩川流域は東京都とほぼ一致する。利根川流域は，利根川河口Ⓐ点および利根川から分水する江戸川のⒷ点を，荒川流域は荒川河口Ⓒ点を，多摩川流域は多摩川河口Ⓓ点をそれぞれ基準とした流域範囲であり，これらの流域内に降った降雨はそれらの点を通って海に注ぐことになる。流域内に住む人々の生活を支える水となるだけでなく，排出される水もまた流域内で集められ河川環境に影響を与えるため，流域は重要なキーワードである。

**例題 2.1**

多摩川の流域面積は 1240 $\mathrm{km}^2$ である。2018 年の東京都内 8 か所の気象庁観測所の年間降水量の平均値は 1480 mm/年であった。仮に年間を通して一定量の降雨が継続されるとすると，東京湾の多摩川河口域における河川流量はどれだけになるか。ただし，地下への浸透や蒸発散，さらには人為的な水利用などは無視する。

**解答**

流域面積に降水量を乗じたものが一定量で流下すると仮定するので，多摩川河口における流量 $Q$ は

$$Q = (1240\ \mathrm{km^2}) \times (1480\ \mathrm{mm}/年)$$
$$= (1240 \times 10^6\mathrm{m^2}) \times (1480/10^3/(60 \times 60 \times 24 \times 365)\mathrm{m/s}) = 58\ 〔\mathrm{m^3/s}〕$$

となる。ちなみに，2018年の多摩川河口の流量の平均値（洪水時の流量も含むもの）は約33 $\mathrm{m^3/s}$，低水流量（ほぼ基底流量に相当する）は約14 $\mathrm{m^3/s}$ となっているので，全降雨の半分強が多摩川河口から流出し，大部分が直接流出となっていることがわかる。■

### 2.1.3　流域内の水収支

流域内での水循環のなかで，上下水道システムをはじめとする人為的な水の流れは，特に大都市において大きな割合を占める。**図2.5** は東京都の水収支を

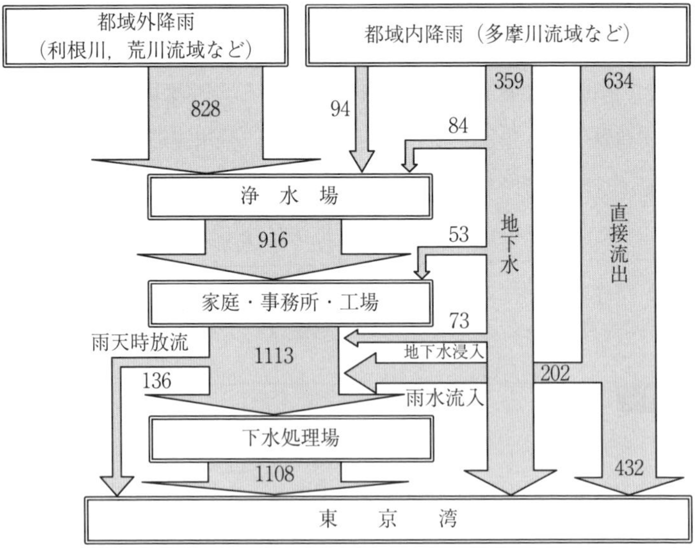


**図2.5**　東京都の水収支（文献1）を改変）

年間降水量と同じ単位〔mm/年〕で表したものである。図 2.4 にも示されているが，東京都の大部分は多摩川流域と重なり，都内で利用する水道原水のうち，都内の降雨によるものは 94 mm/年であるのに対し，都域外（大部分は利根川流域および荒川流域）の降雨を水源とするものは 828 mm/年である。これらが浄水場を通して都内で利用された後，下水処理場で処理されて東京湾に放流される。大雑把にいえば，水道原水の大部分を流域外から持ち込んで，流域内で発生する汚濁を希釈・輸送し，流域内で処理して東京湾へ排除するという水循環が構築されている。

### コ ラ ム

**武蔵水路—東京都の生命線—**

**図 1** の東京都のおもな浄水場の位置をみると，一日当り浄水能力 100 万 $m^3$ 以上のメガ浄水場の水源は

三郷・金町→江戸川　　朝霞・東村山（うち 7 割）→荒川

東村山（うち 3 割）→多摩川

となっている。しかし，荒川については，自流だけでは朝霞，東村山両浄水場の浄水量にとても足りず，大部分を人工水路である武蔵水路による利根川からの導水によって賄われている（荒川の流量は武蔵水路の導水により 2 倍以上となる）。武蔵水路は 1967 年に完成し，東京都の水道用水としては最大で約 30 $m^3/s$ を導水するもので，東京都の全水道水の約 50%が武蔵水路を経由する，まさに東京都の生命線といってもよい（**図 2**）。

**図 1**　東京都のおもな浄水場と武蔵水路

**図 2**　武蔵水路（2021 年）

### 2.1.4　わが国における水資源の概況

国土における水資源の利用区分は，生活用水（家庭やオフィスで使用する水道水），工業用水（工場や事業場で使用する水），および農業用水に大きく分類される。

**図 2.6** はわが国の水資源の概況を示したもので，1 年間の水量〔$m^3$/年〕およびそれを国土面積で除した量〔mm/年〕で表現した。また，水利用分は用途ごとに一人一日当りで示した。国土に降る雨水から蒸発散量を差し引いた量が，水資源として利用可能な量（**水資源賦存量**（inventory of water resources））となるが，そのうちの約 20% を農業用水，工業用水，生活用水として利用していることになり，その多くが農業用水である。

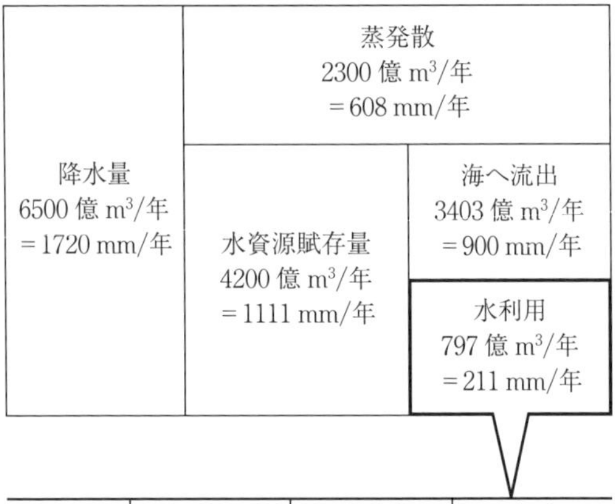


| | 河川〔L/(人・日)〕 | 地下水〔L/(人・日)〕 | 合計〔L/(人・日)〕 |
|---|---|---|---|
| 農業用水 | 1099 | 63 | 1161 |
| 工業用水 | 175 | 65 | 242 |
| 生活用水 | 254 | 65 | 317 |
| 合計 | 1528 | 192 | 1720 |

**図 2.6**　わが国の水資源の概況（文献 2）より作成）

**図 2.7** は全国の都市用水の使用量の推移を示しているが，高度成長期において水道用水および工業用水の増加が著しいことがわかる。しかしながら，工業用水として河川あるいは地下水から取水される量（淡水補給量）はそれほど増

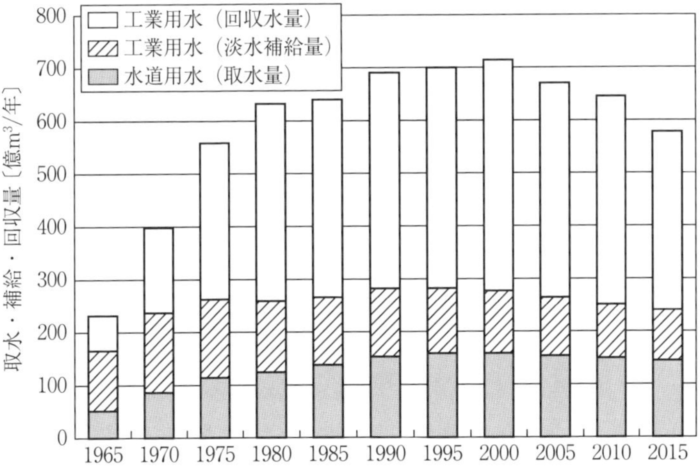


**図2.7** 都市用水使用量の推移（文献2）より作成）

加しておらず，工業用水の需要増を補うために回収水量（水再利用）が増大していることが明確に読み取れ，工業用水の回収率は近年では80％近くとなっている。

### 2.1.5 水資源開発・水源・水利権の考え方

水道水源として河川水を利用する場合は，河川の流水を占用する権利である「**水利権**（water rights）」を国土交通省などの河川管理者より許可を得る必要がある。おもな水利権の目的としては水道用水のほかに工業用水，水力発電用水，灌漑《かんがい》用水などがある。また，旧河川法（明治29年公布）施行以前，または河川法の適用を受ける法定河川（一級，二級，準用河川）として指定される以前から，社会的に承認されてきた形で水を利用してきている場合は，慣行水利権といい，改めて取水の許可を得ることなく水を使用することができる。**図2.8**は水利使用標識の例であるが，許可期限，許可権者名，使用者，目的，取水量などが明記され，取水場所に掲示される。

河川において新たに水源を確保するための手段としては，ダム建設が一般的である。河川の上流にダムを建設することにより，下流において取水可能量を

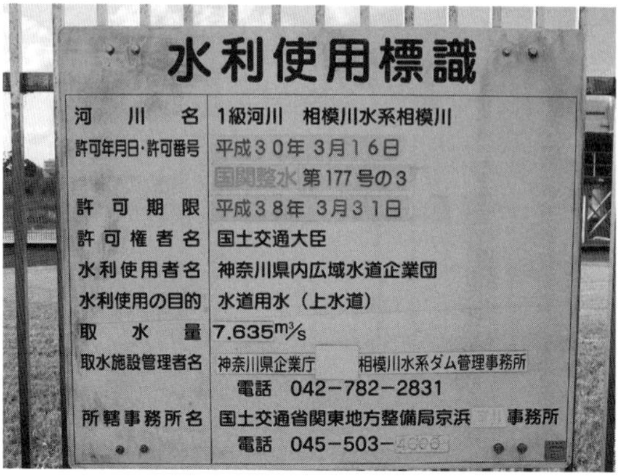


図 2.8　水利使用標識の例（相模川水系）

増やす水源開発の概念図を**図 2.9** に示す。ダムがない場合は，河川流量は降雨量の年間変動によって大きな変動があるが，ダム建設によって大きな流量のピーク部分を貯えることによって河川流量が平準化し，年間を通した低位の流量が増加して，取水可能量を確保することができるようになる。

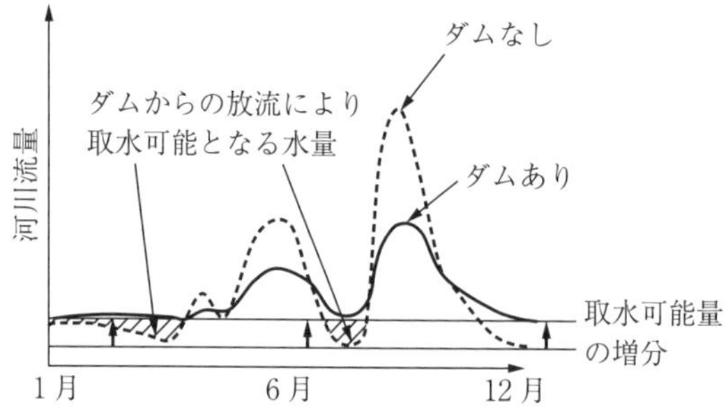


図 2.9　ダム建設による水源開発の概念図

水利権を許可する河川流量の基準としては，基準渇水流量が用いられる。これは 10 年に 1 回程度発生する渇水年において，取水予定地点の渇水流量（1 年間のうち 355 日は上回る流量）である。この流量から，すでに権利を得ている者の水利権量，河川の正常な流況を確保するために必要な維持流量を差し引いた水量に対して，新たな水利権が許可されうることになり，これが不足する場合は，先に説明したダム開発によって基準渇水流量を増やすことになる。このようにして許可される水利権を安定水利権と称している。

一方，ダム建設の費用負担をして，新たな水利権を獲得することを期待しているにもかかわらず，ダムが未完成であり，現実に水需要が発生して取水する必要がある場合，暫定的に基準渇水流量を超える部分について取水することが許可されることがあり，これを暫定豊水水利権と称している。

**例題 2.2**

現在，A 川では，下流の $A_4$ 地点にて年間を通じて流量 $q_3$（$=6\,m^3/s$）で農業用水を取水し，$A_4$ 地点より下流では，水産資源保護などのために流量 $q_4$（$=5\,m^3/s$）以上を河川維持用水として常時確保している（**図 2.10**(a)）。A 川の $A_1$ 地点の流量 $Q_1$ は毎年**表 2.1** のとおりで，B 川 $B_1$ 地点の流量は年間を通じて $Q_2$（$=2\,m^3/s$）で一定であり，8 月に河川維持用水はぎりぎりの状態となるため，新規利水の余地はない。いま，$A_2$ 地点の上流で十分な容量のあるダム C を建設して A 川の河川水をすべて貯水し，発電用水流量 $q_1$（$=12\,m^3/s$）

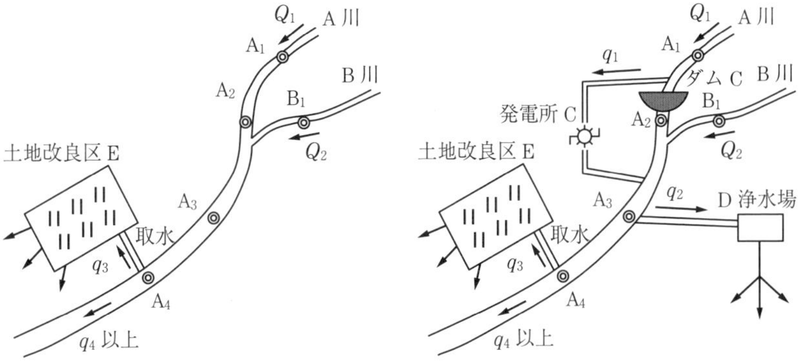


(a)　現　在　　　　(b)　ダム建設後

**図 2.10**　A 川におけるダム建設前と後の水利用

**表 2.1**　$A_1$ 地点の流量 $Q_1$

| 月 | 1 | 2 | 3 | 4 | 5 | 6 | 7 | 8 | 9 | 10 | 11 | 12 | 年平均 |
|---|---|---|---|---|---|---|---|---|---|---|---|---|---|
| 流量〔$m^3/s$〕 | 11 | 10 | 13 | 14 | 24 | 28 | 17 | 9 | 31 | 23 | 13 | 11 | 17 |

を確保して発電所Cで発電するとともに，新たにD浄水場を建設して，$A_3$ 地点にて水道用水 $q_2$ を取水する計画を立てた（図(b)）。

（1）　ダム建設前後の渇水流量を求めよ。

（2）　ダムCで必要となる容量を求めよ。

（3）　D浄水場へ取水可能な水量 $q_2$ は最大でいくらか。

**解答**

（1）　ダム建設前：$9\,\mathrm{m^3/s}$（8月の流量）。ダム建設後：流量 $Q_1$ の年間平均は $17\,\mathrm{m^3/s}$ となり，その流量で常時ダムから放流することになる。よって $17\,\mathrm{m^3/s}$ となる。

（2）　ダムに要求される貯水量は，河川流量を平準化するためのものなので，適当な初期貯水量を与えて，貯水量の変化を計算すれば必要貯水量が求まる。仮に1月初めの貯水量を5千万 $\mathrm{m^3}$ と仮定すると，ダムへの流入流量および貯水量の変化は**図 2.11**のようになる。必要貯水量は貯水量の最大値と最小値の差なので，約7千万 $\mathrm{m^3}$ となる。

（3）　ダム建設後，ぎりぎり河川維持用水を確保できるときのA川の流下方向の流量変化は**図 2.12**のようになるので，水道用水の可能取水量は $8\,\mathrm{m^3/s}$ となる。

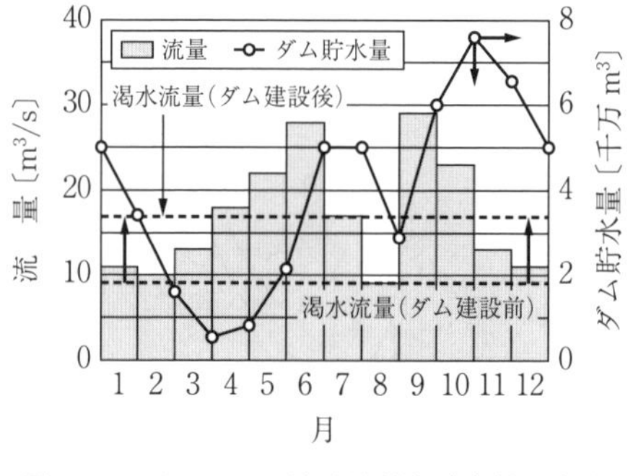


**図 2.11**　ダムCへの流入流量と貯水量の変化

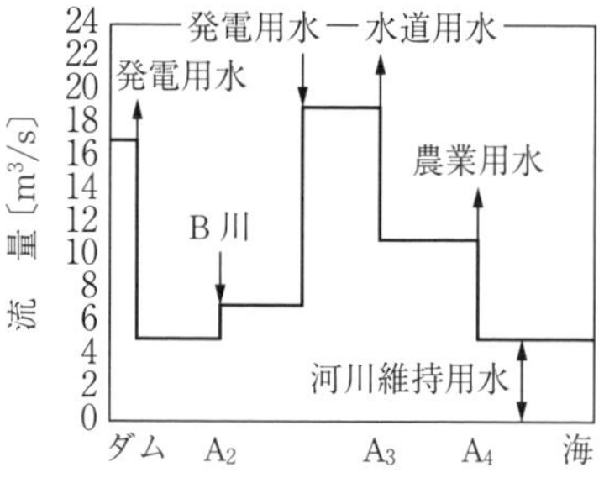


**図 2.12**　A川流下方向の流量変化

## 2.2 都市における水循環系の概要

### 2.2.1 都市における水循環系

**図 2.13** に河川を中心とした典型的な水循環系の概要を示す。河川水は，水道用水，工業用水，農業用水，発電用水として利用されるが，各利用主体が水利権という形で河川管理者（わが国の一級河川は国土交通省）より許可された量までのみ利用可能である。

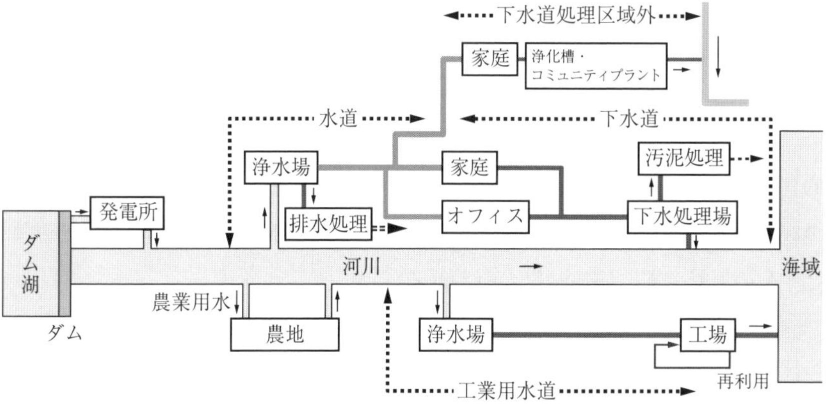


**図 2.13** 都市における水循環系

水道システムは取水した水を浄水場において飲料水レベルまで浄化し，管路によって家庭やオフィスまで水道水を供給する。下水道整備区域においては，使用した後の排水（下水）は下水道システムによって集められ，下水処理場において処理後に，再び河川に放流される。下水道が整備されていない区域においては，下水は下水道以外のシステム（浄化槽やコミュニティプラントなど）によって処理された後に放流される。

工場の生産プロセスなどで利用される工業用水は，各工場が自ら河川水を取水あるいは地下水を揚水して利用することもあるが，もっぱら工業用水を給水するためのシステムである工業用水道によって給水されることも多い。工業用水道はわが国独特のシステムであり，地下水の過度のくみ上げによる地盤沈下対策などのために創設されたものである。

水質変換システムである浄水場および下水処理場の機能は基本的には固液分離であり，処理水を得ると当時に排水や汚泥が発生するので，この処分が必要となる。

### 2.2.2　水供給システムの種類

**図 2.14** はわが国における水道の種類を，**図 2.15** はそのうちの一部について概念図を示したものである。給水人口 100 人超の事業が，水道法が適用される「水道」として扱われ，そのなかで，給水人口 5001 人以上の事業が**上水道事業**（water utility），5000 人以下は**簡易水道事業**（small water utility）に区分され，そのほとんどが市町村などの自治体によって運営されている。簡易水道事業の内容は上水道事業と同じであるが，一般的に過疎地域に存在しているために料金収入のみで事業を継続することが困難であり，上水道事業が独立採算を基本とするのに対して，国庫補助が行われる。

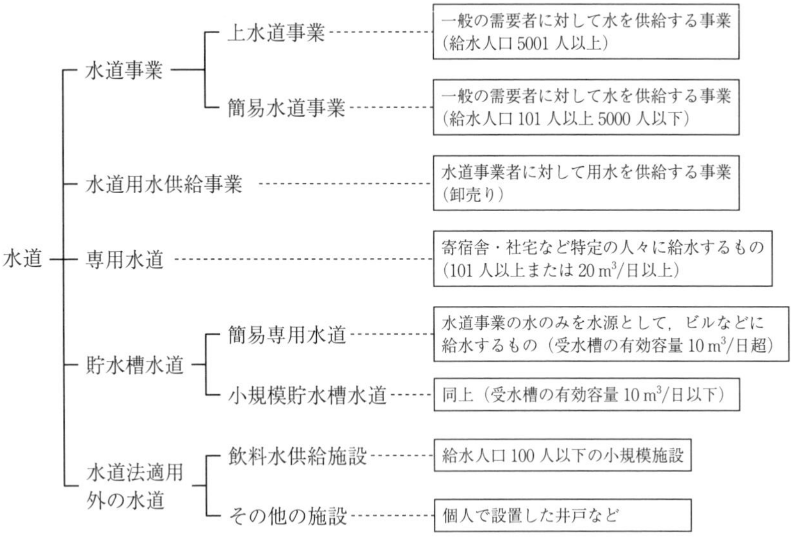


**図 2.14**　水道の種類

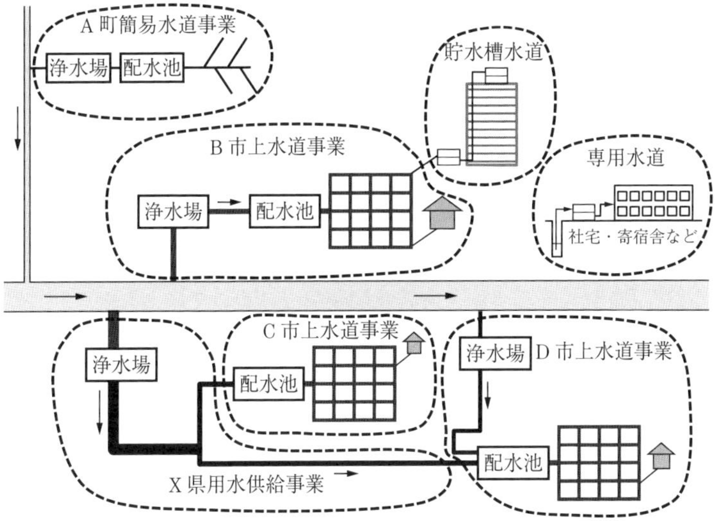


**図 2.15**　各種の水道の概念図

**貯水槽水道**（water supply facilities with receiving tank）は，水道事業からの水の供給を受けてオフィスビルや集合住宅などに供給するシステムで，貯水槽で水道水を受ける段階で，水道事業と切り離されることとなり，水道事業とは別の管理主体が維持管理を行うことになる。

**専用水道**（private water supply）は，自治体ではなく民間が主体となって特定の需要者に水を供給するもので，近年は水道事業の給水エリアであるにもかかわらず，地下水を水源として商業施設，病院などに給水するものも増加している。

**用水供給事業**（bulk water supply）は，都府県などにより運営され，水道事業に対して水道水を供給する水の卸売りともいえるものである。浄水場および管路より構成されるが，需要者に直接供給するための施設を持たないことが大きな特徴である。図 2.15 で C 市，D 市はともに水道事業を担っているが，C 市は浄水場を持たずに用水供給からの受水にのみ頼り，D 市は一部を用水供給からの受水に頼るケースとなっている。

### 2.2.3 下排水処理システムの種類

**図 2.16** は下水道および関連汚水処理施設の種類を示したものである。排水処理システムは，管きょがあるシステムとないシステム（浄化槽）に大きく区分され，前者はさらに，下水道法が適用される「下水道」（国土交通省が所管）とそれ以外の農業集落排水施設（農林水産省が所管），コミュニティプラント（環境省が所管）に分けられるが，処理および収集システムの概要はほとんど同じであり，適用される法体と所管官庁が異なるだけである。

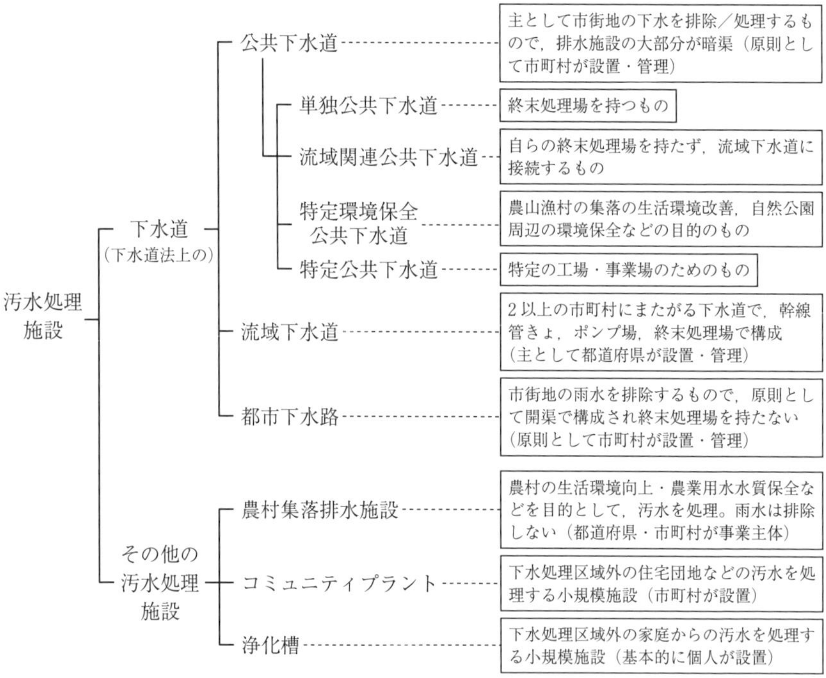


**図 2.16**　下水道および関連汚水処理施設の種類

**図 2.17** は各種の下水道についてその概念図を示したものである。**公共下水道**（municipal sewerage）は市町村単位で整備されるものであるが，**流域下水道**（prefectual sewerage）は複数の市町村にまたがって幹線を整備して下水を集中的に収集・処理するもので，主として都道府県により整備される。公共下水

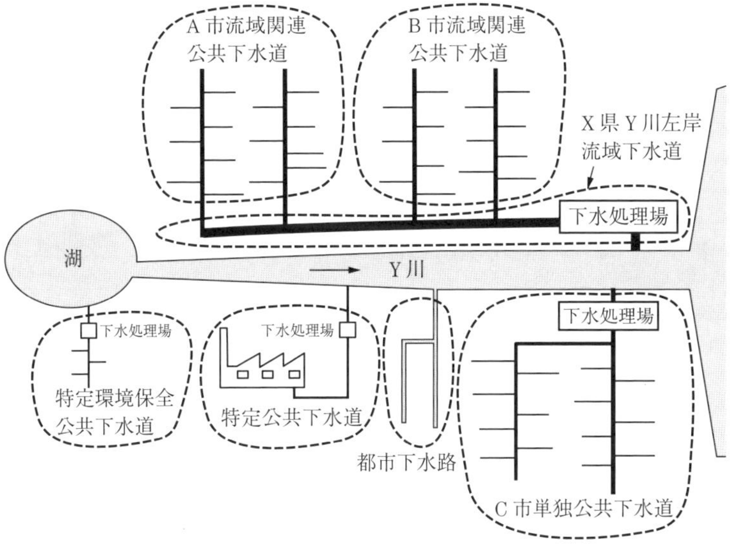


**図 2.17**　各種の下水道の概念図

道にも，処理場を有する単独公共下水道と処理場を有せず流域下水道に接続するのみの流域関連公共下水道がある。**都市下水路**（municipal drainage channel）はもっぱら雨水を排除するためのもので処理場を持たない。

## 2.3　水環境にかかわる法制度

### 2.3.1　水にかかわる法制度の体系

**図 2.18** は都市における水循環システム（水道・工業用水道，下水道）および公共用水域（河川，湖沼，海域）の概要と水質に関する基準が定められている地点を示したものである。水質環境基準は湖沼，河川，海域の公共用水域において定められ，水道水質基準は，浄水場を経た水道水の蛇口において順守すべきものである。一方，工場・事業場，下水処理場などからの排水に対しては，公共用水域に排出される地点において排水基準が定められる。ただし，工場・事業場からの排水が下水道に排出される場合は，排出される地点において下水排除基準が定められる。

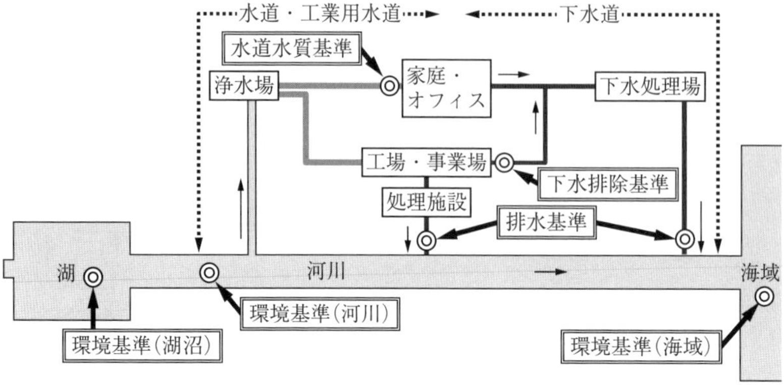


**図 2.18**　都市の水循環系と水質に関する基準の体系

水環境の保全を目的とする規制の手段として，大きく分けると濃度規制と総量規制の二つの考え方がある。濃度規制は排水基準などにおいて適用され，排水中の規制対象物質の濃度の上限値によって規制するものである。一方，総量規制は，海域において適用されるもので，対象とする水域に流入する水質項目の総量（年間に流入する質量）で規制するものである。

### 2.3.2　水質環境基準

〔1〕　**水質環境基準の体系**　　水道水源における水質を保全することなどを目的の一つとして，公共用水域（河川，湖沼，海域）においては，環境基本法に基づいて**水質環境基準**（environmental quality standards for water pollution）が定められている。**表 2.2** は水質環境基準の体系を示したものである。水質環境基準は，水銀など人の健康に影響を及ぼす項目に関する「人の健康の保護に関する環境基準」（健康項目）と，溶存酸素など人の健康とは直接関係はないが，水域の生活環境を保全するために必要な項目である「生活環境の保全に関する環境基準」（生活環境項目）」に分けられる。

健康項目は，全国の公共用水域に対して一律に定められる。一方，生活環境項目は，四つの体系より構成される。有機物などに関する項目と栄養塩類に関する項目については，水域の利用目的，特に河川・湖沼については水道原水と

**表 2.2**　水質環境基準の体系

| 項　目 | | 水質項目 | 適用場所 |
|---|---|---|---|
| 人の健康の保護に関する環境基準（健康項目） | | 重金属などの有害物質 | 全国の公共用水域に一律に適用 |
| 生活環境の保全に関する環境基準（生活環境項目） | 有機物など | BOD，COD，DO など有害物質ではないが生活環境に関連する項目 | 水域の利用目的を考慮して水域ごとに類型化して異なる基準を適用 |
| | 栄養塩類 | T-N，T-P（富栄養化に関連） | 富栄養化対策が必要な水域に対して類型化 |
| | 水生生物の生息状況の適応性 | 全亜鉛，ノニルフェノールなど | 水生生物の生息状況などにより水域を類型化 |
| | 水生生物が生息・再生産する場の適応性 | 底層溶存酸素 | 底層の低溶存酸素が水生生物の生息・再生産に影響を及ぼす水域を類型化 |

して用いるか否かや，浄水方法などを考慮して，水域ごとに類型化をして，異なる基準を定めている。「水生生物の生息状況の適応性」は 2003 年に新たに項目が設定され，社会生活に伴う利用目的ではなく水生生物の保全を目的としている。「水生生物が生息・再生産する場の適応性」に関する項目は，2016 年に新たに設定され，湖沼・海域において底層の低溶存酸素が水生生物の生息に影響を与える恐れがある水域に対して類型化して適用される。

〔2〕 **健 康 項 目**　　**表 2.3** に健康項目の水質環境基準値を示す。表には，比較のために有害物質に関する排水基準，および有害物質に関して定められている水道水質基準の基準値も示している。有害物質は，重金属類，有機塩素化合物，農薬，その他の物質に区分され，ほとんどの項目において排水基準においても許容限度が定められている（ただし，ほぼ同じ物質を示すにもかかわらず，項目の名称が若干異なる場合がある）。また，水道水質基準に適用されている項目をみると，基本的に同じ値となっている。これは，浄水場においてこれらの有害物質が十分に除去されない場合でも，水道水の安全性を確保するためである。

〔3〕 **生活環境項目（有機物などおよび栄養塩類）**　　**表 2.4**，**表 2.5**，**表 2.6** に，それぞれ河川，湖沼，海域における生活環境の保全に関する環境基準

**表 2.3**　有害物質に関する水質環境基準（健康項目），排水基準，水道水質基準

（2020年4月1日現在）

| | 環境基準 | | 一律排水基準 | | 水道水質基準（有害物質に関するもののみ） | |
|---|---|---|---|---|---|---|
| | 項　目 | 基準値*1 | 有害物質の種類 | 許容限度 | 項　目 | 基準値*1 |
| 重金属類など | カドミウム | 0.003 mg/L | カドミウムおよびその化合物 | 0.03 mg-Cd/L | カドミウムおよびその化合物 | 0.003 mg-Cd/L |
| | 全シアン | ND*2 | シアン化合物 | 1 mg-CN/L | シアン化物イオンおよび塩化シアン | 0.01 mg-CN/L |
| | 鉛 | 0.01 mg/L | 鉛およびその化合物 | 0.1 mg-Pb/L | 鉛およびその化合物 | 0.01 mg-Pb/L |
| | 六価クロム | 0.05 mg/L | 六価クロム化合物 | 0.5 mg-Cr(Ⅵ)/L | 六価クロム化合物 | 0.02 mg-Cr(Ⅵ)/L |
| | ヒ素 | 0.01 mg/L | ヒ素およびその化合物 | 0.1 mg-As/L | ヒ素およびその化合物 | 0.01 mg-As/L |
| | 総水銀 | 0.0005 mg/L | 水銀およびアルキル水銀その他の水銀化合物 | 0.005 mg-Hg/L | 水銀およびその化合物 | 0.0005 mg-Hg/L |
| | アルキル水銀 | ND | アルキル水銀化合物 | ND | | |
| | セレン | 0.01 mg/L | セレンおよびその化合物 | 0.1 mg-Ce/L | セレンおよびその化合物 | 0.01 mg-Ce/L |
| 有機塩素化合物 | PCB | ND | ポリ塩化ビフェニル | 0.003 mg/L | | |
| | ジクロロメタン | 0.02 mg/L | ジクロロメタン | 0.2 mg/L | ジクロロメタン | 0.02 mg/L |
| | 四塩化炭素 | 0.002 mg/L | 四塩化炭素 | 0.02 mg/L | 四塩化炭素 | 0.002 mg/L |
| | 1,2-ジクロロエタン | 0.004 mg/L | 1,2-ジクロロエタン | 0.04 mg/L | | |
| | 1,1-ジクロロエチレン | 0.1 mg/L | 1,1-ジクロロエチレン | 1 mg/L | | |
| | シス-1,2-ジクロロエチレン | 0.04 mg/L | シス-1,2-ジクロロエチレン | 0.4 mg/L | シス-およびトランス-1,2-ジクロロエチレン | 0.04 mg/L |
| | 1,1,1-トリクロロエタン | 1 mg/L | 1,1,1-トリクロロエタン | 3 mg/L | | |
| | 1,1,2-トリクロロエタン | 0.006 mg/L | 1,1,2-トリクロロエタン | 0.06 mg/L | | |
| | トリクロロエチレン | 0.01 mg/L | トリクロロエチレン | 0.1 mg/L | トリクロロエチレン | 0.01 mg/L |
| | テトラクロロエチレン | 0.01 mg/L | テトラクロロエチレン | 0.1 mg/L | テトラクロロエチレン | 0.01 mg/L |
| | 1,3-ジクロロプロペン | 0.002 mg/L | 1,3-ジクロロプロペン | 0.02 mg/L | | |
| 農薬 | チウラム | 0.006 mg/L | チウラム | 0.06 mg/L | | |
| | シマジン | 0.003 mg/L | シマジン | 0.03 mg/L | | |
| | チオベンカルブ | 0.02 mg/L | チオベンカルブ | 0.2 mg/L | | |
| | | | 有機リン化合物 | 1 mg/L | | |
| その他 | ベンゼン | 0.01 mg/L | ベンゼン | 0.1 mg/L | ベンゼン | 0.01 mg/L |
| | 1,4-ジオキサン | 0.05 mg/L | 1,4-ジオキサン | 0.5 mg/L | 1,4-ジオキサン | 0.05 mg/L |
| | 硝酸性窒素および亜硝酸性窒素 | 10 mg/L | アンモニア，アンモニウム化合物，亜硝酸化合物および硝酸化合物 | 100 mg/L*2 | 硝酸態窒素および亜硝酸態窒素 | 10 mg/L |
| | | | | | 亜硝酸態窒素 | 0.04 mg/L |
| | フッ素（海域には適用しない） | 0.8 mg/L | フッ素およびその化合物 | 海域以外 8 mg/L<br>海域 15 mg/L | フッ素およびその化合物 | 0.8 mg-F/L |
| | ホウ素（海域には適用しない） | 1 mg/L | ホウ素およびその化合物 | 海域以外 10 mg/L<br>海域 230 mg/L | ホウ素およびその化合物 | 1 mg-B/L |
| *1　年間平均値，濃度に「以下」を省略<br>*2　最高値とする | | | *1　パラチオン，メチル パラチオン，メチルジメトンおよびEPNに限る<br>*2　アンモニア性窒素に0.4を乗じたもの，亜硝酸性窒素および硝酸性窒素の合計量 | | *1　濃度に「以下」を省略 | |

**表 2.4**　生活環境の保全に関する環境基準（河川）

（2020 年 4 月 1 日現在）

| 類型 | 利用目的の適応性 | | | | | | | 基準値（日間平均値） | | | | |
|---|---|---|---|---|---|---|---|---|---|---|---|---|
| | 自然環境保全 | 水浴 | 水道 | 水産 | 農業用水 | 工業用水 | 環境保全 | pH | BOD〔mg/L〕 | SS〔mg/L〕 | DO〔mg/L〕 | 大腸菌群数 |
| AA | ○ | ○ | 1 級 | 1 級 | ○ | 1 級 | ○ | 6.5～8.5 | 1 | 25 | 7.5 | 50 MPN/100 mL |
| A | | ○ | 2 級 | 1 級 | ○ | 1 級 | ○ | 6.5～8.5 | 2 | 25 | 7.5 | 1000 MPN/100 mL |
| B | | | 3 級 | 2 級 | ○ | 1 級 | ○ | 6.5～8.5 | 3 | 25 | 5 | 5000 MPN/100 mL |
| C | | | | 3 級 | ○ | 1 級 | ○ | 6.5～8.5 | 5 | 50 | 5 | |
| D | | | | | ○ | 2 級 | ○ | 6.5～8.5 | 8 | 100 | 2 | |
| E | | | | | | 3 級 | ○ | 6.5～8.5 | 10 | ごみなどの浮遊が認められないこと | 2 | |

自然環境保全：自然探勝などの環境保全
水道 1 級：ろ過などによる簡易な浄水操作を行うもの
水道 2 級：沈殿ろ過などによる通常の浄水操作を行うもの
水道 3 級：前処理などを行う高度の浄水操作を行うもの
水産 1 級：ヤマメ，イワナなど＋水産 2，3 級の水産生物
水産 2 級：サケ科魚類およびアユなど＋水産 3 級の水産生物
水産 3 級：コイ，フナなどの水産生物
工業用水 1 級：沈殿などによる通常の浄水操作を行うもの
工業用水 2 級：薬品注入などによる高度の浄水操作を行うもの
工業用水 3 級：特殊の浄水操作を行うもの
環境保全：国民の日常生活（沿岸の散歩などを含む）において不快感を感じない限度

**表 2.5**　生活環境の保全に関する環境基準（湖沼）
（天然湖沼および貯水量が 1000 万 $m^3$ 以上かつ
滞留時間が 4 日間以上である人工湖）

（2020 年 4 月 1 日現在）

| 類型 | 利用目的の適応性 | | | | | | | 基準値（日間平均値） | | | | |
|---|---|---|---|---|---|---|---|---|---|---|---|---|
| | 自然環境保全 | 水浴 | 水道 | 水産 | 農業用水 | 工業用水 | 環境保全 | pH | COD〔mg/L〕 | SS〔mg/L〕 | DO〔mg/L〕 | 大腸菌群数 |
| AA | ○ | ○ | 1 級 | 1 級 | ○ | 1 級 | ○ | 6.5～8.5 | 1 | 1 | 7.5 | 50 MPN/100 mL |
| A | | ○ | 2, 3 級 | 2 級 | ○ | 1 級 | ○ | 6.5～8.5 | 3 | 5 | 7.5 | 1000 MPN/100 mL |
| B | | | 3 級 | | ○ | 1 級 | ○ | 6.5～8.5 | 5 | 15 | 5 | |
| C | | | | | | 2 級 | ○ | 6.5～8.5 | 8 | ごみなどの浮遊が認められないこと | 2 | |

自然環境保全：自然探勝などの環境保全
水道 1 級：ろ過などによる簡易な浄水操作を行うもの
水道 2 級：沈殿ろ過などによる通常の浄水操作を行うもの
水道 3 級：前処理などを行う高度の浄水操作を行うもの
水産 1 級：ヒメマスなど＋水産 2，3 級の水産生物
水産 2 級：サケ科魚類およびアユなど＋水産 3 級の水産生物
水産 3 級：コイ，フナなどの水産生物
工業用水 1 級：沈殿などによる通常の浄水操作を行うもの
工業用水 2 級：薬品注入などによる高度の浄水操作を行うもの
工業用水 3 級：特殊の浄水操作を行うもの
環境保全：国民の日常生活（沿岸の散歩などを含む）において不快感を感じない限度

**表 2.5**　（つづき）

| 類型 | 利用目的の適応性 | | | | | | | 基準値（年間平均値） | |
|---|---|---|---|---|---|---|---|---|---|
| | 自然環境保全 | 水浴 | 水道 | 水産 | 農業用水 | 工業用水 | 環境保全 | T-N〔mg/L〕 | T-P〔mg/L〕 |
| Ⅰ | ○ | ○ | 1級，2級，3級（特殊なものを除く） | 1種 | ○ | ○ | ○ | 0.1 | 0.005 |
| Ⅱ | | ○ | 1級，2級，3級（特殊なものを除く） | 1種 | ○ | ○ | ○ | 0.2 | 0.01 |
| Ⅲ | | | 3級（特殊なもの） | 2種 | ○ | ○ | ○ | 0.4 | 0.03 |
| Ⅳ | | | | 2種 | ○ | ○ | ○ | 0.6 | 0.05 |
| Ⅴ | | | | 3種 | ○ | ○ | ○ | 1 | 0.1 |

湖沼植物プランクトンの著しい増殖を生じる恐れがある湖沼について類型指定
水道3級（特殊なもの）：臭気物質の除去が可能な特殊な浄水操作を行うもの
水産1種：サケ科魚類およびアユなど＋水産2，3種の水産生物
水産2種：ワカサギなど＋水産3種の水産生物
水産3種：コイ，フナなどの水産生物

**表 2.6**　生活環境の保全に関する環境基準（海域）（2020年4月1日現在）

| 類型 | 利用目的の適応性 | | | | | 基準値（日間平均値） | | | | |
|---|---|---|---|---|---|---|---|---|---|---|
| | 自然環境保全 | 水浴 | 水産 | 工業用水 | 環境保全 | pH | COD〔mg/L〕 | DO〔mg/L〕 | 大腸菌群数 | *n*-ヘキサン抽出物質（油分など） |
| A | ○ | ○ | 1級 | ○ | ○ | 7.8～8.3 | 2 | 7.5 | 1000 MPN/100 mL | 検出されないこと |
| B | | | 2級 | ○ | ○ | 7.8～8.3 | 3 | 5 | | 検出されないこと |
| C | | | | | ○ | 7.0～8.3 | 8 | 2 | | |

水産1級：マダイ，ブリ，ワカメなど＋水産2級の水産生物
水産2級：ボラ，ノリなど

| 類型 | 利用目的の適応性 | | | | | 基準値（年間平均値） | |
|---|---|---|---|---|---|---|---|
| | 自然環境保全 | 水浴 | 水産 | 工業用水 | 生物生息環境保全 | T-N*1〔mg/L〕 | T-P〔mg/L〕 |
| Ⅰ | ○ | ○ | 1種 | ○ | ○ | 0.2 | 0.02 |
| Ⅱ | | ○ | 1種 | ○ | ○ | 0.3 | 0.03 |
| Ⅲ | | | 2種 | ○ | ○ | 0.6 | 0.05 |
| Ⅳ | | | 3種 | ○ | ○ | 1 | 0.09 |

海洋植物プランクトンの著しい増殖を生じる恐れのある海域について類型指定
*1　全窒素が植物プランクトンの増殖の要因となっている湖沼について適用
水産1種：底生魚介類を含め多様な水産生物がバランスよくかつ安定して漁獲
水産2種：一部の底生魚介類を除き，魚類を中心とした水産生物が多獲
水産3種：汚濁に強い特定の水産生物がおもに漁獲

を示す（表の表現は，意味を変えずに法令そのままの表現とは変更している）。いずれも水道，水産などの社会活動に必要な利用目的の適用性に応じて，AA～E，あるいはⅠ～Ⅲなどの類型分けがなされ，それに応じてBOD，COD，SSなどの項目の基準値が定められているが，有機物指標として，河川ではBOD，湖沼・海域ではCODが用いられること，湖沼・海域では，COD，pH，DOなどの基準項目に基づくAA～Cなどの類型とは別に，全窒素，全リンに

関する基準項目に関する類型分け（Ⅰ～Ⅴなど）が定められ，水域の富栄養化対策としていることが重要である。

〔4〕 **生活環境項目（水生生物の生息に関する基準）**　**表 2.7** に示す項目は，水生生物の生息のみを考慮して設定されるもので，「生息状況の適応性」については，生息や産卵などに影響を与える化学物質などを対象に設定される。一方，「生息・再生産する場の適応性」については，湖沼・海域に底層において貧酸素領域が形成されることによって水生生物の生息などに影響を与える場を対象に設定されている。

**表 2.7**　水生生物の生息状況の適応性，水生生物が生息・再生産する場の適応性に関する環境基準

（2020 年 4 月 1 日現在）

| 水域 | 類型 | 水生生物の生息状況の適応性 | | | 全亜鉛〔mg/L〕 | ノニルフェノール〔mg/L〕 | 直鎖アルキルベンゼンスルホン酸およびその塩〔mg/L〕 |
|---|---|---|---|---|---|---|---|
| | | 対象水生生物 | 生息 | 産卵場（繁殖場）または幼稚仔の生育場 | | | |
| 河川湖沼 | 生物 A | イワナ，サケマスなど比較的低温域を好む水生生物とこれらの餌生物 | ○ | | 0.03 | 0.001 | 0.03 |
| | 生物特 A | | | ○ | 0.03 | 0.0006 | 0.02 |
| | 生物 B | コイ，フナなど比較的高温域を好む水生生物とこれらの餌生物 | ○ | | 0.03 | 0.002 | 0.05 |
| | 生物特 B | | | ○ | 0.03 | 0.002 | 0.04 |
| 海域 | 生物 A | 水生生物 | ○ | | 0.02 | 0.001 | 0.01 |
| | 生物特 A | | | ○ | 0.01 | 0.0007 | 0.006 |

注）値は年間平均値

| 水域 | 類型 | 水生生物が生息・再生産する場の適応性 | | 底層溶存酸素量〔mg/L〕 |
|---|---|---|---|---|
| | | 対象水生生物 | 生息・再生産できる場の保全・再生 | |
| 湖沼海域 | 生物 1 | 貧酸素耐性の低いもの | ○ | 4.0 |
| | 生物 2 | 貧酸素耐性が低いもの以外 | ○ | 3.0 |
| | 生物 3 | 貧酸素耐性の高いもの | ○ | 2.0 |

注）値は日間平均値

〔5〕 **地下水の水質環境基準**　地下水も水道水源などとして利用されることから，水質環境基準が設定されている。有害物質についてのみ，公共用水域とほぼ同じ項目と基準値が定められており，クロロエチレン（別名：塩化ビニルまたは塩化ビニルモノマー）について，0.002 mg/L の基準値が定められていることが異なる点である。

### 2.3.3　排　水　基　準

**排水基準**（effluent standards）は，公共用水域の環境を保全する目的で，工

場や事業場から排水される汚濁物質の濃度の上限を定めるもので，水質汚濁防止法に基づき，すべての公共用水域を対象水域として環境省令で定める一律排水基準と，都道府県が，一律排水基準では十分に水質環境保全を達成できないと判断した場合，独自に一律排水基準より厳しい基準を条例で定める，**上乗せ排水基準**（additional effluent standards）がある（**表 2.8**）。排水基準が適用されるのは，有害物質，あるいは，生活環境項目でも生活環境にかかわる被害を生じさせる恐れがあるほどに汚水または廃液を排出する施設（**特定施設**（specified facilities）と呼ぶ）を設置する工場または事業場（特定事業場と呼ぶ）であり，特定施設とその種類は 100 以上の業種について政令で定められて

**表 2.8**　排水基準の体系

| 排水基準の種類 | | 対象施設 | 対象水域 |
|---|---|---|---|
| 一律排水基準（環境省令） | 有害物質 | すべての特定事業場 | 全公共用水域（全国一律） |
| | 生活環境項目 | 日平均排水量 $50\ \mathrm{m}^3$ 以上の特定事業場 | |
| 上乗せ排水基準（都道府県条例） | | 特定事業場の新設・既設・業種・排水量などにより区分 | 指定する水域ごとに区分 |

**表 2.9**　特定施設の例

| | |
|---|---|
| 鉱業または水洗炭業の用に供する施設 | **イ** 選鉱施設　**ロ** 選炭施設　**ハ** 坑水中和沈殿施設　**ニ** 掘削用の泥水分離施設 |
| 畜産農業またはサービス業の用に供する施設 | **イ** 豚房施設　**ロ** 牛房施設　**ハ** 馬房施設 |
| 飲料製造業の用に供する施設 | **イ** 原料処理施設　**ロ** 洗浄施設（洗びん施設を含む）　**ハ** 搾汁施設　**ニ** ろ過施設　**ホ** 湯煮施設　**ヘ** 蒸留施設 |
| 金属製品製造業または機械器具製造業（武器製造業を含む）の用に供する施設 | **イ** 焼入れ施設　**ロ** 電解式洗浄施設　**ハ** カドミウム電極または鉛電極の化成施設　**ニ** 水銀精製施設　**ホ** 廃ガス洗浄施設 |
| 石炭を燃料とする火力発電施設 | 廃ガス洗浄施設 |
| 水道施設または自家用工業用水道（浄水能力 1 万 $\mathrm{m}^3$/日以上） | **イ** 沈殿施設　**ロ** ろ過施設 |
| 鉄鋼業の用に供する施設 | **イ** タールおよびガス液分離施設　**ロ** ガス冷却洗浄施設　**ハ** 圧延施設　**ニ** 焼入れ施設　**ホ** 湿式集じん施設 |
| 下水道終末処理施設 | |

いる（**表 2.9**）。

一律排水基準は，環境基準の区分と同様に，有害物質に関する基準と生活環境項目に関する基準に分けられ，有害物質がすべての特定事業場を対象とするのに対し，生活環境項目は日平均排水量 $50\,\mathrm{m}^3$ 以上の事業場のみを対象とする。上乗せ排水基準は，特定事業場の条件や水域の重要度（例えば水道水源になっているなど）によって区分された水域ごとに異なった基準を定めることが多い。なお，下水処理場からの放流水の基準については，下水道法によって別途定められる。有害物質に関する一律排水基準は，公共用水域に排出後に 10 倍に希釈されるという前提に立ち，基本的には有害物質に関する環境基準の 10 倍の値となっている（表 2.3）。

**表 2.10**　生活環境項目に関する一律排水基準　（2020 年 4 月 1 日現在）

<table>
<tr><th colspan="2">生活環境項目</th><th>許容限度</th><th>対象水域</th></tr>
<tr><td colspan="2">pH</td><td>海域以外 5.8～8.6<br>海域 5.0～9.0</td><td></td></tr>
<tr><td colspan="2">BOD</td><td>160 mg/L<br>（日間平均 120 mg/L）</td><td>海域，湖沼以外</td></tr>
<tr><td colspan="2">COD</td><td>160 mg/L<br>（日間平均 120 mg/L）</td><td>海域，湖沼</td></tr>
<tr><td colspan="2">SS</td><td>200 mg/L<br>（日間平均 150 mg/L）</td><td></td></tr>
<tr><td rowspan="2">ノルマルヘキサン抽出物質含有量</td><td>（鉱油類含有量）</td><td>5 mg/L</td><td></td></tr>
<tr><td>（動植物油脂類含有量）</td><td>30 mg/L</td><td></td></tr>
<tr><td colspan="2">フェノール類含有量</td><td>5 mg/L</td><td></td></tr>
<tr><td colspan="2">銅含有量</td><td>3 mg/L</td><td></td></tr>
<tr><td colspan="2">亜鉛含有量</td><td>2 mg/L</td><td></td></tr>
<tr><td colspan="2">溶解性鉄含有量</td><td>10 mg/L</td><td></td></tr>
<tr><td colspan="2">溶解性マンガン含有量</td><td>10 mg/L</td><td></td></tr>
<tr><td colspan="2">クロム含有量</td><td>2 mg/L</td><td></td></tr>
<tr><td colspan="2">大腸菌群数</td><td>日間平均 3000 個/cm$^3$</td><td></td></tr>
<tr><td colspan="2">窒素含有量</td><td>120 mg/L<br>（日間平均 60 mg/L）</td><td>全窒素の環境基準が定められている海域・湖沼とそこへの流入河川</td></tr>
<tr><td colspan="2">リン含有量</td><td>16 mg/L<br>（日間平均 8 mg/L）</td><td>全リンの環境基準が定められている海域・湖沼とそこへの流入河川</td></tr>
</table>

**表 2.11**　水道水質基準（2020 年 4 月 1 日施行，有害物質に関する詳細は，表 2.3 に示す）

| 区　分 | 項　目 | 基　準 |
|---|---|---|
| 重金属類など | カドミウム，水銀など | 詳細は表 2.3 参照 |
| 有機塩素化合物（消毒副生成物以外） | ジクロロメタン，四塩化炭素など | |
| その他の有害物質 | 硝酸体窒素，フッ素など | |
| 病原微生物 | 一般細菌 | 100 集落数/mL |
| | 大腸菌 | 検出されないこと |
| 消毒副生成物 | 塩素酸 | 0.6 mg/L |
| | クロロ酢酸 | 0.02 mg/L |
| | クロロホルム | 0.06 mg/L |
| | ジクロロ酢酸 | 0.03 mg/L |
| | ジブロモクロロメタン | 0.1 mg/L |
| | 臭素酸 | 0.01 mg/L |
| | 総トリハロメタン | 0.1 mg/L |
| | トリクロロ酢酸 | 0.03 mg/L |
| | ブロモジクロロメタン | 0.03 mg/L |
| | ブロモホルム | 0.09 mg/L |
| | ホルムアルデヒド | 0.08 mg/L |
| 着色 | 亜鉛およびその化合物 | 1.0 mg-Zn/L |
| | アルミニウムおよびその化合物 | 0.2 mg-Al/L |
| | 鉄およびその化合物 | 0.3 mg-Fe/L |
| | 銅およびその化合物 | 1.0 mg-Cu/L |
| | マンガンおよびその化合物 | 0.05 mg-Mn/L |
| 味 | ナトリウムおよびその化合物 | 200 mg-Na/L |
| | 塩化物イオン | 200 mg/L |
| | カルシウム，マグネシウムなど（硬度） | 300 mg/L（$CaCO_3$ 換算） |
| | 蒸発残留物 | 500 mg/L |
| | 有機物（全有機炭素（TOC）の量） | 3 mg/L |
| 発泡 | 陰イオン界面活性剤 | 0.2 mg/L |
| | 非イオン界面活性剤 | 0.02 mg/L |
| かび臭 | ジェオスミン | 0.00001 mg/L |
| | 2-メチルイソボルネオール | 0.00001 mg/L |
| 臭気 | フェノール類 | 0.005 mg/L（フェノール換算） |
| 基礎的性状 | pH | 5.8～8.6 |
| | 味 | 異常でないこと |
| | 臭気 | 異常でないこと |
| | 色度 | 5 度 |
| | 濁度 | 2 度 |

生活環境項目に関する一律排水基準は，最大値と日間平均値の2種類の定め方があり，対象とする水域は，BODについては湖沼・海域以外の公共用水域（おもに河川），CODについては湖沼・海域，窒素含有量，リン含有量は富栄養化が懸念される湖沼・海域となっており，生活環境項目の環境基準における指定項目と対応するようになっている（**表2.10**）。

## 2.3.4　水道水質基準

**表2.11**に**水道水質基準**（water quality standards for drinking water）を示す。このうち，重金属類などの有害物質に関しては，有害物質に関する環境基準，一律排水基準とともに前出の表2.3に詳細を示しているが，多くの項目で環境基準でも同じ値が基準値として設定されている。水道水質基準には，それらの有害物質のほかに，消毒副生成物，味や外観などに関する項目が含まれていることが特徴である。わが国では，浄水場において塩素消毒することが義務づけられており，水道原水に含まれる有機物と塩素との反応によって，発がん性のあるトリハロメタン（$CHCl_3$，$CHBrCl_2$など）ほかの有機塩素化合物が生成してしまうため，多くの物質が規制されている。また，水道原水にラン藻類などが繁殖すると，藻類からかび臭の原因となる物質が生成され，水道水に異臭味を生じてしまうため，二つの物質が規制されている（**図2.19**）。

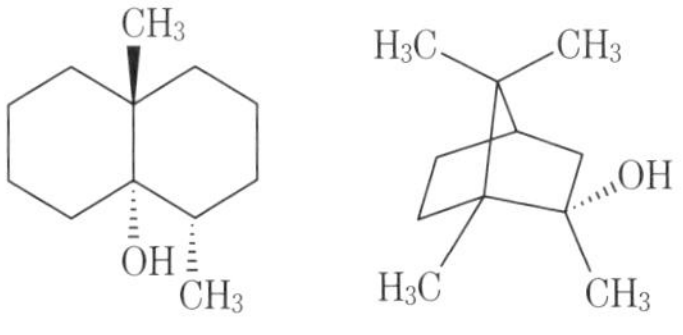


（a）ジェオスミン　（b）2-MIB

**図2.19**　ジェオスミンと2-MIBの構造

## 2.3.5　下水排除基準

工場・事業場からの排水を下水道に放流する場合，排水は最終的には下水処理場において処理後に公共用水域に放流されるため，下水処理場における処理能力を超過するような排水を下水道が受け入れることは避けなければならない。そのため，下水道法に基づいて，下水道へ放流する排水の基準（**下水排除基準**（discharge standards to sewerage））が定められている。

下水道法に基づく下水排除基準（一部のみ）を**表 2.12** に示す。表には比較のために一律排水基準および下水処理場に適用される計画放流水質を示している。下水道法では，カドミウム，水銀などの有害物質は下水処理場では処理できないとして，特定事業場やそれ以外の事業場に対して，一律排水基準と同じ濃度の基準が定められている。BOD，SS などの環境項目は下水処理場において処理可能であるため，一律排水基準あるいは下水道計画放流水質よりも緩い条件となっている。なお，事業場からの排水濃度が下水排除基準を超過する場合は，除外施設を設けて基準以内の水質とした後に放流しなければならない。

**表 2.12**　下水排除基準（おもな項目）

| 項　目 | | 下水排除基準<br>（下水道法） | 一律排水基準<br>（水質汚濁防止法） | 下水道計画放流水質<br>（下水道施行令） |
|---|---|---|---|---|
| 有害物質項目 | カドミウムおよびその化合物 | 0.03 mg/L | 0.03 mg/L | — |
| | シアン化合物 | 1 mg/L | 1 mg/L | — |
| | 鉛およびその化合物 | 0.1 mg/L | 0.1 mg/L | — |
| | 以下省略 | | | |
| 処理可能項目 | BOD | 600 mg/L | 160 mg/L | 10～15 mg/L<br>（処理方法による） |
| | アンモニア性窒素・亜硝酸性窒素および硝酸性窒素含有量 | 380 mg/L | — | — |
| | SS | 600 mg/L | 200 mg/L | 40 mg/L |
| | 窒素含有量 | 240 mg/L | 120 mg/L | — |
| | リン含有量 | 32 mg/L | 16 mg/L | — |
| | ノルマルヘキサン抽出物質含有量（鉱物類） | 5 mg/L | 5 mg/L | — |
| | （動植物油脂類） | 30 mg/L | 30 mg/L | — |
| | 大腸菌群数 | — | 3000 個/$cm^3$ | 3000 個/$cm^3$ |
| | pH | 5.0～9.0 | 5.8～8.6<br>（海域以外） | 5.8～8.6 |
| その他 | 温度 | 45℃ | — | — |

**コ　ラ　ム**

**PFOS，PFOA―新たな有害物質―**

PFOS（ペルフルオロオクタンスルホン酸）およびPFOA（ペルフルオロオクタン酸）は**図**のような構造を持つ有機フッ素化合物の一種で，PFOSは撥水《はっすい》剤，防汚剤原料，泡消火剤として，PFOAはフライパンのテフロン加工や包装紙の撥水加工の原料などとして幅広く利用されてきた。人への毒性の疑いがあり，環境中でほとんど分解しないことから，国際的にも規制の対象となり，2020年にわが国でも水道水に関し，両物質の合算値として50 ng/L以下とする暫定目標値が，水質管理目標設定項目に設定されている。

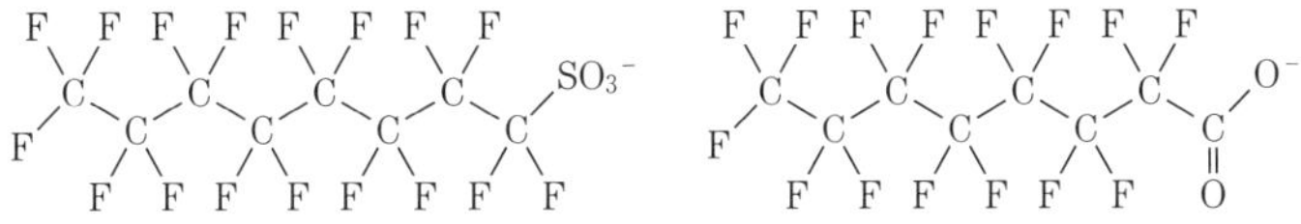

（a）PFOS　　（b）PFOA

**図**

## 2.3.6　水質総量規制

**水質総量規制**（total emission reduction for water quality）とは，人口・産業が集中する広域的な閉鎖性海域では，排水基準に基づく濃度規制のみでは，CODなどの環境基準の達成が困難であるので，内陸を含めて海域に流入する汚濁負荷を総合的に削減する制度であり（水質汚濁防止法第四条の二に基づく），東京湾，伊勢湾，瀬戸内海を指定水域とし（**図2.20**），1979年に第1次

**図2.20**　指定水域および指定地域

水質総量削減計画が1984年度を目標として策定されて以来，5年ごとに実施されている。当初，指定項目はCODのみであったが，第5次水質総量削減計画（2001年～）より全窒素と全リンが指定されるようになった。

国は指定水域の環境基準を確保するために指定水域ごとに総量削減基本方針を策定し，知事は基本方針で示された各都府県の削減目標量を達成するための総量削減計画を策定し，発生源別の汚濁負荷量の削減目標量，その達成の方途，その他必要な事項を定める。総量規制基準は，指定地域内の排水量が50 $m^3$/日以上の特定事業場を対象として排出水の汚濁負荷量について定める許容限度であり，COD，全窒素，全リンについて業種区分ごとに次式におけるC値を定める。

$$L = C \times Q \tag{2.1}$$

ここに，$L$：総量規制基準〔kg/日〕，$C$：C値〔mg/L〕，$Q$：排水量〔$m^3$/日〕である。なお，2019年度を目標年度とする削減目標量は**表2.13**のとおりである。

**表2.13**　2019年度を目標年度とする対象水域別・項目別の削減目標量〔t/日〕

| | 東京湾 | 伊勢湾 | 瀬戸内海（うち大阪湾） |
|---|---|---|---|
| COD | 155 | 133 | 404（85） |
| T-N | 166 | 108 | 402（87） |
| T-P | 11.7 | 7.8 | 25.2（5.6） |

## 2.4　流域単位での水環境保全計画の考え方

流域全体という視点から流域の水環境を保全するため，わが国で実際に策定される下水道計画に**流域別下水道総合計画**（comprehensive sewerage plan by basin，**流総計画**）がある。ある公共用水水域の水質汚濁の原因がその流域中の複数の地方自治体にあり，水域保全のために下水道の整備が有効であるとき，各自治体が個別に下水道計画を策定するのではなく，流域全域にわたって最も合理的・総合的な下水道整備にかかわる総合的な基本計画を策定すること

が望まれる。このようなとき，都道府県は水域ごとにこのような基本計画（流総計画）を策定し

① 流域の降水量，河川流量などの自然条件

② 汚水の量と水質（汚濁負荷量）の現状と予測

③ 下水道整備にかかわる費用と汚濁負荷削減の効果

などの要素を考慮しながら，下水道整備に関する計画年度，整備区域，処理方式，放流先などの基本計画を策定する（**図 2.21** に概念図を示す）。

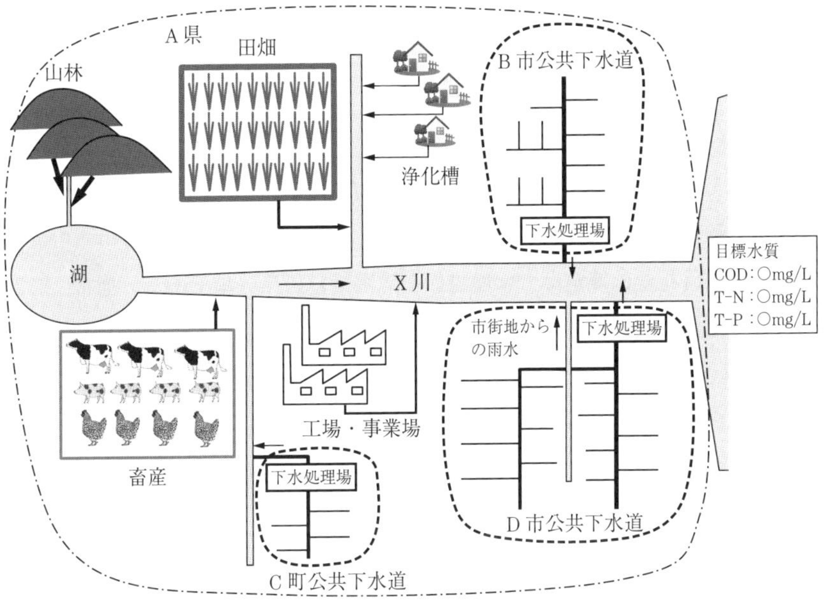


**図 2.21**　流域別下水道整備総合計画の概念図
（A県がX川流域の流総計画を立てる状況）

### 2.4.1 基 礎 調 査

基礎調査としては流域の自然条件を把握する必要がある。これは，発生する汚濁物質は河川水などにより希釈されるため，実際に汚染が進行するか否かは流域のスケールによるからである。具体的には10か年以上の資料により以下のような事項を調査するとしている。

河川：低水流量（年間 275 日は利用しうる流量），

　　　渇水流量（年間 355 日は利用しうる流量）など

湖沼：平水位，低水位など

海域：平均満潮位，潮流の方向など

河川の流量は年中変動し，また年によっても異なるので，流量が小さく，汚濁物質の希釈率が小さくなるときでも環境基準を達成する計画を立案する必要がある。河川における環境基準の適合の判断は低水流量時のデータを用いることとなっているが，運用上は，1 年を通した水質測定値（毎月の測定であれば 12 個のデータ）の 75%値（順番に並べて小さいほうから 75%の値）を用いている。

### 2.4.2　汚濁負荷量の予測―原単位を用いた水需要および負荷量の算出―

人間活動に必要となる水需要を見積もり，これによって発生する汚水の流量および汚濁負荷量の算定は，水環境保全計画策定の第一歩である。通常，これらの算出は，一人一日当り，あるいは ha・一日当りなどの単位で表される原単位を用いて行われる。以下に流総計画で用いられる重要な**原単位**（unit of pollution loading）の例を説明する。

〔1〕 **生活系からの汚濁負荷量**　　生活汚水による汚濁負荷量は，し尿および炊事，風呂，洗濯から発生する雑排水よりなる。

**表 2.14** は一人一日当りの汚濁負荷量の参考値である。ただしこの値は夜間人口をもとにして計算されたもので，外出者については営業排水負荷に含まれ

**表 2.14**　一人一日当り汚濁負荷量の参考値〔g/(人・日)〕[3)]

| 項　目 | し　尿 | 雑排水 | 計 |
|---|---|---|---|
| BOD | 18 | 40 | 58 |
| COD | 10 | 17 | 27 |
| SS | 20 | 25 | 45 |
| T-N | 9 | 2 | 11 |
| T-P | 0.9 | 0.4 | 1.3 |

ることになる。生活汚水量は平均 250 ～ 350 L/（人・日）程度とすればよい。

飲食店，デパート，ホテル，事務所などからの汚濁負荷量については，排水水質は生活汚水なみとして扱って差し支えない。また，観光客による負荷量が多い地域では，定住人口の一人一日当り負荷量を参考に算出する。

〔2〕 **工業用水の需要と汚濁負荷量**　工業活動に伴う原単位は，通常，単位製造出荷額一日当りで表される。そのうち主要な製造業におけるもののみを**表 2.15** に示す。

**表 2.15** 工業排水汚濁負荷量原単位の一例（文献 3）より作成）

| | 排水原単位〔$m^3$/日/百万円〕 | BOD〔g/日/百万円〕 | COD〔g/日/百万円〕 | T-N〔g/日/百万円〕 | T-P〔g/日/百万円〕 |
|---|---|---|---|---|---|
| 肉製品製造業 | 0.049 | 61.3 | 30.2 | 4.3 | 1.3 |
| 乳製品製造業 | 0.089 | 52.6 | 32.9 | 3.2 | 0.8 |
| 清涼飲料製造業 | 0.064 | 37 | 28.9 | 1.2 | 0.2 |
| 溶解パルプ製造業 | 7.104 | 7938 | 7685 | 630 | 65.1 |
| 洋紙製造業 | 4.097 | 1205 | 780 | 39.9 | 3.8 |
| 石油化学系基礎製品製造業 | 0.032 | 35.3 | 82.4 | 1.5 | 0.1 |
| 石油精製業 | 0.025 | 2.1 | 5.7 | 0.3 | 0.1 |
| なめし皮製造業 | 0.222 | 229 | 187 | 13.3 | 1.6 |
| 高炉による製鉄業 | 0.072 | 1.5 | 1652 | 2025 | |

〔3〕 **家畜による汚濁負荷量**　家畜による汚濁負荷量を**表 2.16** に示す。

**表 2.16** 家畜による汚濁負荷量[3)]

| 項　目 | 牛 | 豚 | 馬 |
|---|---|---|---|
| 水量〔L/(頭・日)〕 | 45～135 | 13.5 | |
| BOD〔g/(頭・日)〕 | 640 | 200 | 220 |
| COD〔g/(頭・日)〕 | 530 | 130 | 700 |
| SS〔g/(頭・日)〕 | 3000 | 700 | 5000 |
| T-N〔g/(頭・日)〕 | 290 | 40 | 170 |
| T-P〔g/(頭・日)〕 | 50 | 25 | 40 |

〔4〕 **面源からの汚濁負荷量**　**面源汚濁負荷**（non point pollutant load）とは，農耕地，市街地，自然の山林など，面的に広がる広い領域から発生する汚濁負荷のことで，特に湖沼の富栄養化に対する影響などを考えると無視できないとされている。**表2.17**に面源汚濁負荷量の参考値を示す。これらの負荷は，降雨時にそれぞれの場で蓄積されている負荷源が流出するもので，「市街地」の負荷は，道路などに堆積している汚濁物質が降雨とともに雨水管を通じて流出するものである。

**表2.17**　面源汚濁負荷量の参考値[3]

| | COD〔kg/ha/年〕 | | T-N〔kg/ha/年〕 | | T-P〔kg/ha/年〕 | |
|---|---|---|---|---|---|---|
| | A | B | A | B | A | B |
| 山　林 | 8.9〜98.9<br>(20.7) | 0.91 | 1.4〜7.0<br>(4.2) | 6.7 | 0.05〜0.46<br>(0.17) | 0.18 |
| 水　田 | 4.1〜87.6<br>(42.9) | 6.4 | 5.8〜33.4<br>(11.0) | 28 | 0.29〜4.89<br>(1.13) | 0.36 |
| 畑　地 | 4.7〜54.4<br>(19.1) | 3.7 | 2.4〜95.3<br>(32.2) | 28 | 0.08〜0.69<br>(0.36) | 0.36 |
| 市街地 | 14.3〜65.7<br>(51.1) | 3.7 | 2.7〜16.8<br>(12.1) | 6.9 | 0.19〜1.26<br>(0.81) | 0.18 |

A：湖沼水質保全計画における値。（　　）は平均値
B：第6次水質総量削減計画における値の平均値

### 2.4.3 汚　濁　解　析

下水道を整備することによる汚濁負荷量の削減が，河川あるいは湖沼などの水質浄化に与える効果を予測するためには，現状における汚濁負荷量と水質との関係の解析（汚濁解析）が必要となる。汚濁解析においては，対象とする水域の水質基準点における汚濁負荷量の算定に，流達率（排出負荷量が水路や支川を通る際の流入量と流出量の比），河川の自浄作用などを考慮に入れる。また，湖沼においては，富栄養化による汚濁負荷の発生についても，モデルを用いて算定する。

### 2.4.4　汚濁負荷削減計画

水域の環境基準を達成するために，現況の流出汚濁負荷量から削減しなければならない負荷量（削減負荷量）を算定し，これを各発生源に配分する。田畑や自然汚濁については削減負荷量の配分は行わないが，他の人為的発生源については現況の流出負荷量の比率によって配分する。生活排水については下水道の整備により，工場排水・家畜排水については排水規制により削減することになる。以上から下水道整備により達成すべき汚濁負荷量が定まり，下水道計画を策定することになる。また，2005 年から，東京湾などの閉鎖性水域の水質を改善する目的で，一定の流域別下水道整備総合計画には，終末処理場ごとの窒素またはリンの削減目標量と削減方法を定めることになった。さらに，高度処理を行っている自治体は，自らの削減目標量を超えて窒素またはリンを削減する場合，流域内の他の自治体の削減目標量の一部に相当するとして，費用負担を求めることができるようになり，流域全体で高度処理を効率的に推進することが可能となった。

**例題 2.3**

A 町は人口 30000 人で，下水道普及率は 100%であり，下水処理水はすべて B 湖に放流されている。B 湖の流域には水田（400 ha），山林（800 ha）が存在し，それらから排出される汚濁負荷はすべて B 湖に排出されている（市街地に起因する負荷は無視できるとする）。B 湖に流入する全窒素（T-N）の総量〔t/年〕を計算せよ。ただし，水田，山林，市街地からの負荷量の原単位は，表 2.17 中の湖沼水質保全計画における値の平均値を用いるとする。また，下水処理場における T-N 除去率は 50%とする。

**解答**

それぞれの発生源の負荷量は下記のとおりとなる。

下水処理場：(30000 人)×(11g/(人・日))×(1－0.5)＝60 t/年

水　田　　：(400 ha)×(11 kg/ha/年)＝4.4 t/年

山　林　　：(800 ha)×(4.2 kg/ha/年)＝3.4 t/年

よって，これらを合計し，約68 t/年となる。

## 2.5 水質環境基準の達成状況

**表2.18**は，生活環境項目の代表的水質項目であるBOD，CODについて環境基準達成状況の推移を示したものである。おもに下水道の普及に伴い，河川における達成状況は急速な改善を示しているものの，閉鎖性水域である湖沼，海域においては，横ばい状況である。

**表2.18**　公共用水域におけるBOD，CODの環境基準達成状況（文献4）より作成）

| | 河　川 | 湖　沼 | 海　域 |
|---|---|---|---|
| 1974年 | 51% | 42% | 71% |
| 1996年 | 74% | 42% | 81% |
| 2018年 | 95% | 54% | 79% |

注）値は達成水域数/類型指定水域数

**表2.19**　公共用水域および地下水における健康項目の環境基準の達成状況（平成30年度，文献4）より作成）

| 項　目 | 河　川 | 湖　沼 | 海　域 | 地下水 |
|---|---|---|---|---|
| カドミウム | 0.2% | 0.4% | | |
| 鉛 | 0.1% | 0.4% | | 0.4% |
| ヒ素 | 0.6% | 0.8% | | 2.0% |
| セレン | 0.1%* | | | |
| クロロエチレン | — | — | — | 0.1%* |
| 1,2-ジクロロエタン | 0.1%* | | | |
| トリクロロエチレン | | | | 0.1% |
| テトラクロロエチレン | | | | 0.2% |
| 硝酸性窒素および亜硝酸性窒素 | 0.1% | | | 2.9% |
| フッ素 | 0.6% | | | 0.8% |
| ホウ素 | 0.1%* | | | 0.4% |

注）値は基準超過調査地点数/調査地点数
＊　四捨五入であると0.0%となるので切り上げたもの

**表 2.19** は公共用水域および地下水について，平成 30 年度の健康項目の基準達成状況を示したものである。河川において，廃鉱山などの影響と考えられるカドミウム，鉛の超過，および火山活動などの自然由来と考えられるヒ素，フッ素の超過がみられる。地下水においては，硝酸性窒素および亜硝酸性窒素の超過が顕著であるが，これは農地への過剰な窒素肥料の施肥が原因と考えられる（図 1.19 参照）。

## 演　習　問　題

〔**2.1**〕 東京のほかの大都市で，自らの土地の流域以外に水資源の多くを頼っている例を調べよ。

〔**2.2**〕 自治体の上水道の給水区域内において，地下水などを水源とする専用水道が増えることについて，地域の水供給システム全体を考え，どのようなメリット，デメリットがあるか説明せよ。

〔**2.3**〕 下水道システムとして，単独公共下水道と比較したときの流域下水道の長所，短所を考えよ。

〔**2.4**〕 湖沼および海域の T-N および T-P に関する基準値が，おおむね 20：1 ～ 10：1 の比率になっている理由はなぜか。

〔**2.5**〕 近年の公共用水域の有機物指標に関する環境基準達成状況をみると，湖沼および海域の COD のついては横ばいの状況であるのはなぜか。

# 3章 上下水道システムの概要と基本計画

◆本章のテーマ

本章では，都市の水循環システムの根幹をなす上下水道システムの概要について説明し，それらの基本的事項を計画するための手法について解説する。

◆本章の構成（キーワード）

3.1　上下水道システムの概要

水道，下水道，分流式下水道，合流式下水道，水処理，汚泥処理

3.2　上下水道システムの基本計画

基本計画，計画給水量，計画汚水量，計画雨水量，計画放流水質

◆本章を学ぶと以下の内容をマスターできます

☞ 貯水，取水，浄水，導送配水，給水からなる水道システムの全体像を理解できる。

☞ 下水道システムの種類を理解し，水処理，汚泥処理，雨水排除までを含む全体像を理解できる。

☞ 上下水道システムの基本計画の手法について理解できる。

# 3.1　上下水道システムの概要

## 3.1.1　水道システムの概要

**図 3.1** に示すように，**水道システム**（water supply system）は

取水→導水（導水管または導水渠）→浄水（浄水場）→

送水（送水管）→配水池→配水（配水管）→給水（給水管）

の順で直列に構成されている。河川などで取水された水道原水は，導水管（または導水渠）を通って浄水場まで輸送されて，飲料水として適切な水質まで処理された後，送水管によって配水池まで輸送される。

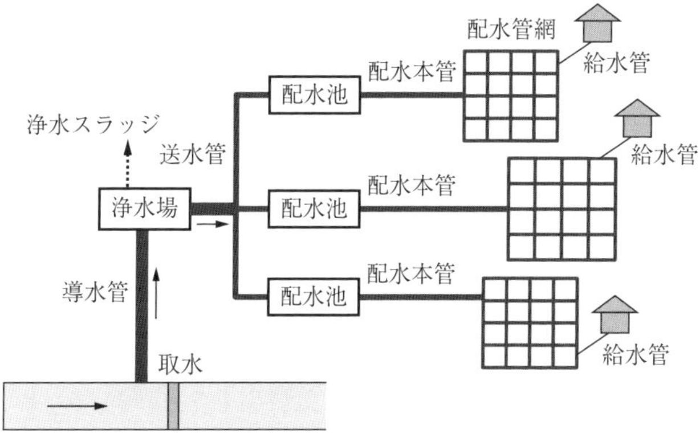


**図 3.1**　水道システムの概要（取水から給水までの平面図）

配水池において，水道使用量の日間変動を平準化するなどの目的のために平均して 12 ～ 24 時間程度貯えられた後，配水管によってユーザの近くまで輸送される。配水管は，家庭と連結する給水管への分岐がない大口径の配水本管と，小口径で道路下に網目状に張りめぐらされて網目状となり，家庭への分岐がある配水小管に分けられる（人口密度が小さい場合は，網目状とならないこともある）。その後，配水管に取り付けられた給水管によって，水道水は家庭内またはオフィス内まで輸送されて利用されるようになる。

図 3.1 を高低差が明確になるように断面図で示したものが**図 3.2** である。

水道システムでは，通常水は高低差によって貯水施設（ダムなど）から蛇口

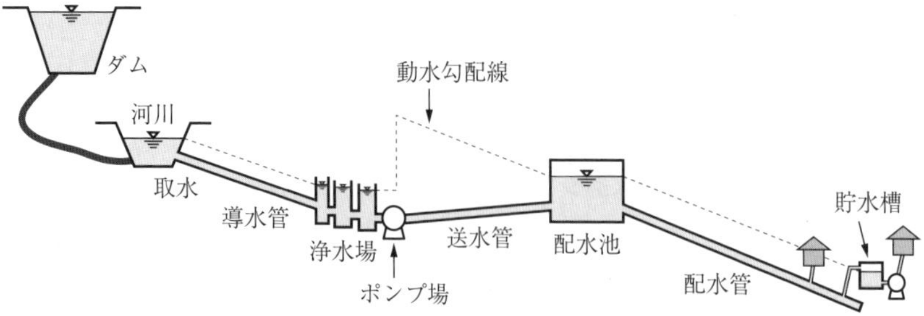


**図3.2**　水道システムの概要（貯水から給水までの断面図）

まで輸送されるが，図に示すように配水池が浄水場より高い位置にある場合などは，ポンプによる輸送が必要となる。また，一般に浄水場，配水池，貯水槽では自由水面があるので，そこでエネルギー損失が生じることになる。また，これらを除けば浄水場の下流側では，水道水はつねに圧力管の中に存在して外部からの汚濁物質などの浸入を防ぐことができる。

### 3.1.2　下水道システムの概要

下水道が輸送すべき下水は，家庭や工場・事業場などから排出される汚水と雨水であり，**下水道システム**（sewerage system）はこれらを別々の下水管で輸送する分流式下水道と，一つの下水管で輸送する合流式下水道に分類される。また，水処理工程より発生する汚泥処理工程も重要な位置を占める。

〔1〕 **分流式下水道**　**図3.3**は汚水と雨水を別々に輸送する**分流式下水道**

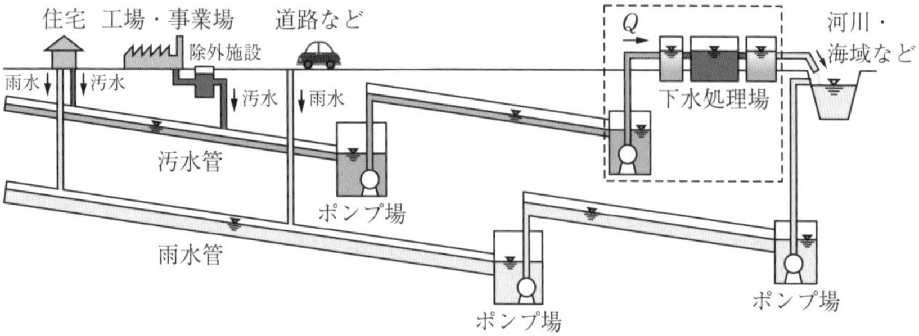


**図3.3**　分流式下水道の概要

(separate sewer system) の概要を示したものである。下水管は水道管と違って，基本的には重力によって下水を輸送するので，下水管は流れの方向に勾配をつけなければならない。下水処理場あるいは河川の放流口までの距離が長くなり，地盤面の勾配が十分に大きくない場合は，途中でポンプ場を設ける必要がある。

家庭やオフィスから発生する汚水，工場・事業場からの排水（場合によっては下水道の受け入れ基準に適合するように除外施設を設けて処理した後），は汚水管で収集して下水処理場まで輸送され，処理された後に河川・海域などに放流される。家庭やオフィス，あるいは道路などから集められた雨水は，汚水とは別の雨水管を通って，処理されることなくそのまま河川などに放流される。

分流式下水道では汚水と雨水を別々に収集するため，下水処理場で処理すべき下水の流量は，基本的には晴天時と雨天時とでは同じであり，降雨時のみ雨水管で雨水を収集して河川などに放流する。降雨時でも安定した下水の収集と処理ができるため，近年では分流式下水道が基本的なシステムとなっている。

〔2〕 **合流式下水道**　**図3.4**は，汚水と雨水を一つの下水管で収集する**合流式下水道**（combined sewer system）の概要を示したものである。晴天時においては，管きょ（合流管）には汚水のみが流れるため，分流式下水道と同様に安定した下水処理が行われる。しかしながら，降雨時では汚水と雨水が混合されるため，下水処理場の能力（晴天時汚水流量 $Q$ の3倍＝$3Q$）を超える下水は，ポンプ場などから河川などへ放流せざるを得なくなる。合流管の途中に**図3.5**のような雨水吐室を設け，$3Q$ を超える下水を越流させて河川や海域に

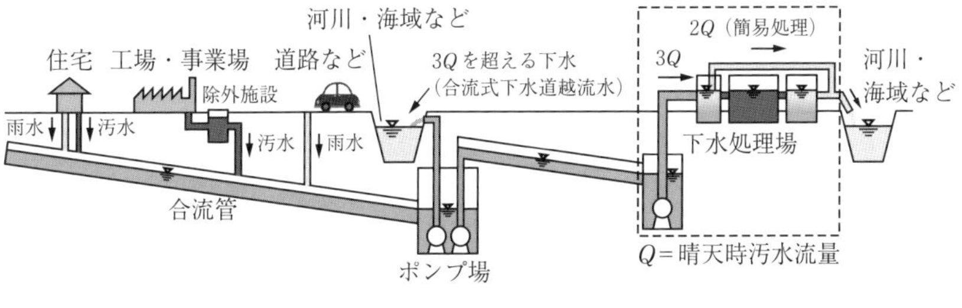


**図3.4**　合流式下水道の概要

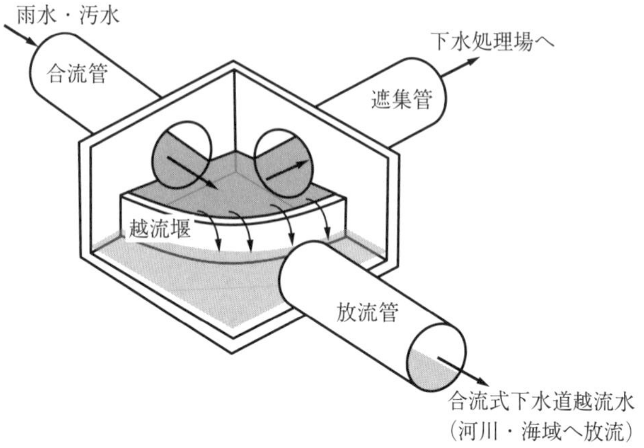


**図 3.5**　雨水吐室の構造

放流する場合も多い。この放流下水を合流式下水道越流水というが，これには汚水も含まれているため，放流先水域の汚濁の問題を引き起こす。

下水処理場における処理は，おもに微生物により行われるが，晴天時汚水流量以上の水量の処理を行うことは困難である。したがって，降雨時において下水処理場が受け入れる $3Q$ の流量のうちの $2Q$ は，生物処理を行うことなく沈殿処理のみ（簡易処理）の後に，消毒し放流することになる。

〔3〕 **水処理工程と汚泥処理工程**　下水道システムにおける下水処理工程は，流入する下水を処理する水処理工程と，そこで発生する汚泥を処理する汚泥処理工程より構成される。多くの場合，水処理工程と汚泥処理工程は同じ敷地内の同一下水処理場内で行われるが，大規模な自治体で汚泥処理を効率的に実施するために，広域的な汚泥処理が採用されることがある。

**図 3.6** のように，ある自治体が三つの処理区より構成され，それぞれに下水処理場が設置されている場合，それぞれの処理場の敷地内で汚泥処理を行うのではなく，例えば上流側に位置する比較的小規模な処理区の処理場（図中の A，B）より発生する汚泥を，独立した送泥管（圧送管）で下流の処理場に隣接している汚泥処理施設まで輸送し，統合的に汚泥処理を行うシステムとすることも多い。汚泥処理施設では，脱水工程で発生する脱離液（返流水）を処理

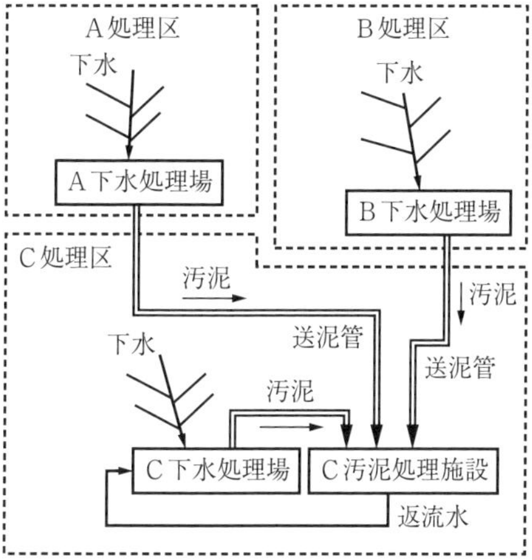


**図3.6**　広域的な汚泥処理システムの概要

する必要があるが，図の場合は隣接する下水処理場にて処理されることとなる。

## 3.2　上下水道システムの基本計画

### 3.2.1　水道の基本計画

水道施設の**基本計画**（basic plan）は，水道施設の拡張，改良，更新など，今後取り組む事業内容の根幹に関する長期的・総合的な計画であり，基礎調査，基本方針の策定（計画目標の設定），基本事項の決定，整備内容の決定の手順を経る。ここでは，明らかにすべき基本事項について説明する。

〔1〕 **計画年次**　計画年次は，基本計画の対象とされる期間であり，将来予測の確実性や施設整備の合理性を考慮しながら，可能な限り長期間の設定となるようにするが，標準的には計画策定時より15～20年間とする。

〔2〕 **計画給水区域**　計画給水区域は，計画年次までに配水管を敷設して給水しようとする区域であり，水道事業の適正かつ効率的な運営を図るため，合理的な施設の建設および維持管理が可能であるかどうか検討のうえ決定する。

〔3〕 **計画給水人口**　計画給水人口の決定にあたっては，将来人口の推計

が必要となるが，時系列傾向分析による方法や，推計の基準となる人口に，人口の変動要因である出生，死亡，転出入を加減して推計する要因別分析による方法がある。

〔4〕 **計画給水量**　**計画給水量**（design water supply）は，水道施設の規模を決定する最も重要な量である。計画給水量策定の一般的手順を**図 3.7** に示す。過去の使用水量を用途別に把握し，同じ規模で同じような特徴を持つ水道事業体の実績などを参考にして，用途別の使用水量の将来予測を行い，それを合計したものを計画一日平均使用水量とする（**表 3.1** に用途別標準分類表を示す）。なお，使用水量の内訳やその他の基礎資料が整備されていない場合には，計画一人一日平均使用水量をもとに，これに計画給水人口を乗じることによって求めることもできる。

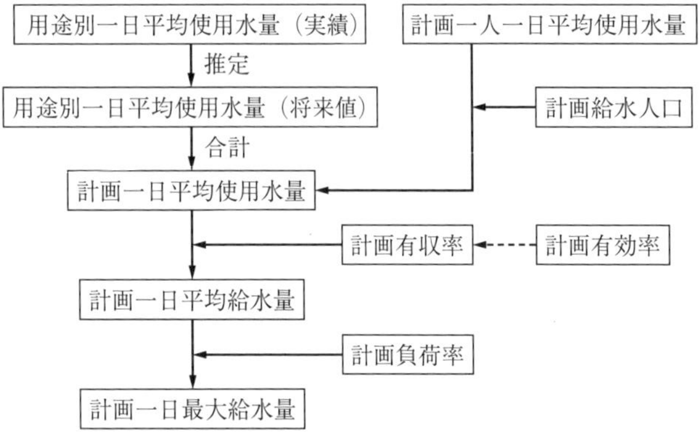


**図 3.7**　計画給水量策定の一般的手順

実際に浄水場から給水される水道水は，その全量が利用者まで届けられるわけではなく，漏水による損失などを考慮する必要がある。そのため，計画一日平均使用水量を計画有効率（給水量のうち料金を徴収して水道事業体の収入となる水量の割合）で除して計画一日平均給水量を計算する。なお，給水量，有効水量，有収水量の関係を**表 3.2** に示すが，無収水量と無効水量とは違うことに注意する必要がある。発展途上国などでは，家庭への給水管の違法な接続などによる無収水量が多く，水道事業の運営上大きな問題となっているが，わが

**表 3.1**　用途別標準分類表（文献 1）を改変）

| 大分類 | 中分類 | 小分類・適用 |
|---|---|---|
| 生活用水 | 一般家庭用 | 家事専用（一般住宅，共同住宅など） |
| | | 家事兼営業用（店舗つき住宅など） |
| 業務・営業用水 | 官公署用 | 行政機関 |
| | | 公衆便所・公衆水飲み栓・噴水など |
| | 学校用 | 学校・幼稚園など |
| | 病院用 | 病院・診察所など |
| | 事務所用 | 会社など |
| | 営業用 | ホテル・百貨店・スーパー・飲食店・式場・劇場，バス・タクシーなどの洗車など |
| | | 公衆浴場 |
| 工場用水 | 工場用 | 工場 |
| その他 | その他 | 他水道への分水など |
| | | 水道事業用水・水道メーター不感水量など |

**表 3.2**　給水量，有効水量，有収水量の関係

<table>
<tr><td rowspan="3">給水量</td><td rowspan="2">有効水量<br>（損失することなく有効に使用された水量）</td><td>有収水量<br>（水道料金を徴収できた水量）</td></tr>
<tr><td>無収水量<br>（水道局の事業に使用された水，消防用水，水道メーターで検知されなかった水など，有効に利用されたが収入の対象外となるもの）</td></tr>
<tr><td colspan="2">無効水量（漏水などにより損失した水量）</td></tr>
</table>

国では両者の差はそれほどない。また，わが国における全国の漏水率（無効水量の割合）および無収水率の年度ごとの変化を**図 3.8** に示す。

さらに，一日当りの使用水量は年間で変動し，一般に夏期において年間の最大値をとるが，水道施設はこの年間の最大値に対しても十分な量を給水しなければならないので，計画一日平均給水量を計画負荷率（計画一日最大給水量に対する計画一日平均給水量の比）で除して計画一日最大給水量を求め，これを計画給水量とする。以上をまとめると以下のとおりとなる。

$$\text{計画一日平均給水量} = \frac{\text{計画用途別使用水量の総和}}{\text{計画有収率}}$$

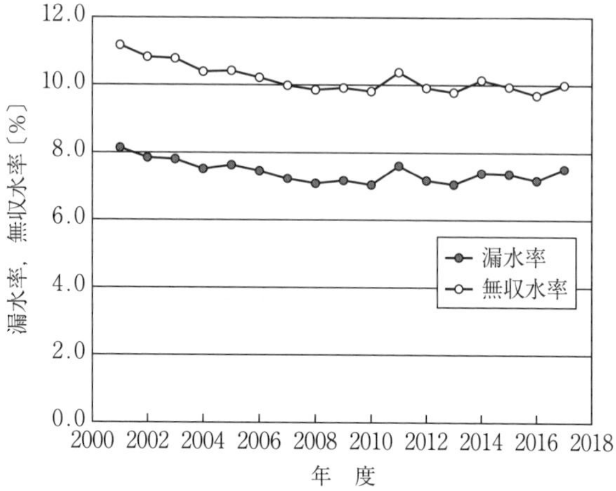


**図 3.8**　わが国における全国の漏水率および無収水率の変化
（文献 2）より作成）

$$\text{計画一人一日平均給水量} = \frac{\text{計画一日平均給水量}}{\text{計画給水人口}}$$

$$\text{計画一日最大給水量} = \frac{\text{計画一日平均給水量}}{\text{計画負荷率}}$$

$$\text{計画有収率} = \frac{\text{計画有収水量}}{\text{計画一日平均給水量}}$$

$$\text{計画有効率} = \frac{\text{計画有効水量}}{\text{計画一日平均給水量}}$$

**図 3.9** にわが国の一人一日平均使用水量（表 3.1 中の工場用水，その他は含まない）の変化を示す。一人当りの使用量は 1995 年前後をピークに減少傾向にあり，2015 年度で 283 L/（人･日）となっている。この値は，1980 年頃は給水規模により差があり，給水人口の大きな水道事業体ほど大きい値をとっていたものの，近年ではその差がほとんどなくなっている（演習問題〔3.2〕参照）。

**図 3.10** は給水人口規模と負荷率との関係を示したものである。給水人口規模が小さいと負荷率が小さくなる傾向があることがわかる。

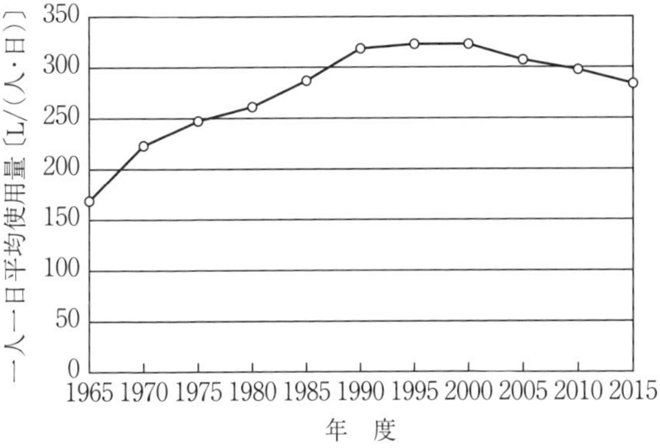


**図 3.9**　わが国の一人一日平均使用水量（生活用水および業務・営業用水）の変化（文献 3）より作成）

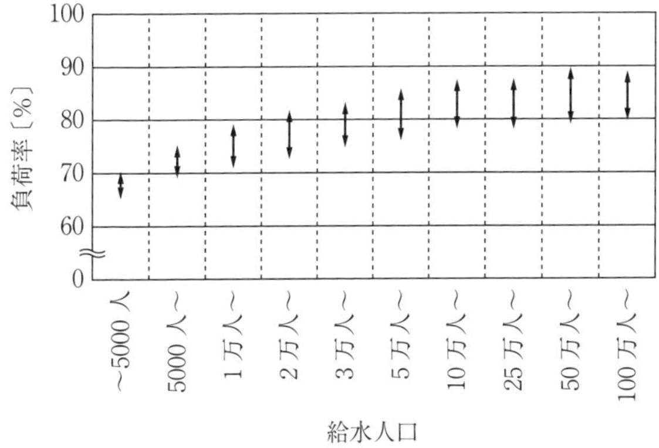


**図 3.10**　給水人口規模と負荷率[1)]

**例題 3.1**

A 市は現在人口 12 万人であるが，人口は近年，毎年 0.5%の割合で減少している。現在，一人一日平均使用水量は 280 L/(人・日）であるが，近年は，毎年およそ 2 L/(人・日）ずつ減少する傾向が続いている。負荷率および無収水率は，この 10 年ほどはそれぞれ 85%，10%でほぼ安定している。20 年後を計画年次として，A 市の計画一日最大給水量を算定せよ。なお，A 市には，使用水量の内訳などの基礎資料が整備されていない。

**解答**

A 市の人口および一日平均使用水量は，近年の減少傾向が続くと仮定すると，20 年後には，108000 人，240 L/（人·日）となる。負荷率および無収水率は，この 10 年の傾向が変わらないと仮定すると，85%，10%となる。よって 20 年後の計画一日最大給水量は

$$(108000\text{人})\times(240\ \text{L}/(\text{人}\cdot\text{日}))\times(1/0.85)\times(1/(1-0.10))=33900\ \text{m}^3/\text{日}$$

となる。なお，計画年次においてもう少し余裕を持ちたい（安全率を見込みたい）という場合は，人口や一日平均使用水量の推定に上位の予測を用い，負荷率や無収水率も過去 10 年の最小値を使うなどすることもある。

### 3.2.2　下水道の基本計画

下水道計画とは汚水を処理する区域，雨水を排除する区域を定めて必要な調査を行い，目標年次における汚水量や雨水量を予測して，管きょや下水処理場などの施設の計画を立てることである。

〔1〕 **計画年次**　下水道事業は計画から建設完了に至るまで相当の長期間を要し，施設の耐用年数も土木施設では 50 年となることなどから，おおむね 20 年後を目標に計画を立てる。

〔2〕 **計画区域**　計画区域は下水を下水処理場で処理する処理区域と，浸水の防除を図る区域に分けられる。処理区域は，地形条件，市街化の状況などから決定するが，経済性，処理場用地確保，水質環境基準への影響度などから処理区域を分割することも考慮する。さらに，長期的にも安定して人口が定着するなど集合処理の経済性が担保される地域とそうでない地域が混在するなどの場合は，当面の方策として浄化槽など機動的な整備手法で対応するなどの柔軟性も必要である。

〔3〕 **排除方式**　下水の排除方式には，汚水と雨水を同一の管路で排除する合流式と，両者を別々の管路系統で排除する分流式がある。

合流式下水道は管路が 1 系統であるため，施工が比較的容易であり，おもに東京などの大都市圏において，比較的初期から低地帯の浸水防止を主目的とし

て事業を実施してきた区域において利用されている。しかしながら雨天時では，汚水とその量を大幅に上回る雨水が混合された水を下水処理場へ輸送することになるため，公共用水域の水質保全上の問題が生じる。

分流式下水道は管が2系統であるので施工に手間がかかるが，汚水のみを下水処理場へ導き，雨水は直接，河川などに放流するので，水質汚濁上の問題が小さい。ただし，合流式下水道でも，雨天時には下水処理場への流入水が増えることがある（演習問題〔3.3〕参照）。

〔4〕 **計画汚水量**（design sewage volume）　汚水としては，一般家庭からの生活汚水，事務所などから発生する営業汚水，工場排水，観光汚水などその他の汚水，および管路損傷部から浸入する地下水がある。

処理施設の設計の基礎となる計画一日最大汚水量，および管路施設の設計の基礎となる計画時間最大汚水量は以下の式などにより求める。

計画一日最大汚水量＝一日最大汚水量＋工場排水量＋観光汚水量
＋その他汚水量＋地下水量

一日最大汚水量＝一人一日最大汚水量×(1＋営業用水率)×計画人口

一人一日最大汚水量＝一人一日最大給水量
（給水がすべて水道による区域）

営業用水率＝0.6～0.8（商業地域），0.3（住居地域），
0.5（準工業地域），0.2（工業地域）（一例）

地下水量＝一日最大汚水量×(0.1～0.2)(推定困難区域の場合)

計画時間最大汚水量＝計画一日最大汚水量×変動比

変動比＝1.3～1.8程度（中規模以上都市），
1.5～2.0以上（小規模市町村，観光地）

その他汚水量には，温泉排水，畜産排水，汚泥処理系統からの分離液などの返流水などがある。

**例題 3.2**

B市は現在人口15万人であり，そのほとんどが住居地域となっているが，

毎年 0.3％の割合で人口が減少している。現在，B 市の下水道普及率は 60％であるが，毎年 0.5％の割合で普及率を増やす計画である。現在より 20 年後を計画年次として，B 市の計画一日最大汚水量を算定せよ。なお，20 年後の一人一日平均使用量および負荷率は，例題 3.1 と同じ値を用いるものとする。

**解答**

B 市の人口が，毎年 (15 万人)×(0.3％)＝450 人の割合で減少すると仮定すると，20 年後の人口は，141000 人となる。B 市の下水道普及率が 0.5％/年の一定の割合で増えると仮定すると，20 年後の普及率は，70％となる。例題 3.1 と同様に，一人一日平均使用量を 240 L/(人・日)，B 市の負荷率を 85％と仮定すると，一日最大汚水量は

$$(141000\ 人)\times 0.70\times(240\ \mathrm{L}/(人\cdot日))\times(1/0.85)=27900\ \mathrm{m}^3/日$$

となる。B 市が住居地域であることから，営業用水率＝0.3 とし，また，地下水量を 0.15 の割合であると仮定すれば，計画一日最大汚水量は

$$(27900\ \mathrm{m}^3/日)\times(1+0.3+0.15)=40500\ \mathrm{m}^3/日$$

となる。

■

〔5〕 **計画雨水量**（design stormwater volume）　雨水関連の管きょやポンプ場を設計するために，雨水量として短時間継続する豪雨に対応する雨水流出ピーク量を算出する必要がある。雨水排除計画で採用する確率年は，5 ～ 10 年を標準とし，最大計画雨水流出量は，原則として下記の**合理式**（rational formula）による。

$$Q=\frac{1}{360}CIA \tag{3.1}$$

ここに，$Q$：最大計画雨水流出量〔$\mathrm{m}^3/\mathrm{s}$〕，$C$：流出係数，$I$：到達時間内の平均降雨強度〔mm/h〕，$A$：排水面積〔ha〕である。なお，式中の 1/360 は単位の換算によって生じる係数である。

降雨強度 $I$ は，降雨継続時間が短い雨ほど大きくなる傾向があり，例えば次式（タルボット型）などを用いて算定する。

$$I=\frac{a}{t+b} \tag{3.2}$$

ここに $a$, $b$：定数，$t$：降雨継続時間〔min〕である。

この定数は，原則として，降雨継続時間として，5，10，20，30，40，60，80，120 分に対応する最低 8 組の降雨資料を少なくとも 20 年間以上収集し，それぞれ確率計算を行って決定する。

**流出係数**（coefficient of run-off）$C$ は，排水区域に降った雨のうち，蒸発したり浸透したりする分を除いた下水管きょに流入する量の割合であり，屋根，道路などの地表面の工種別または地域特性別に流出係数を推定し，それらを平均した総括流出係数を用いる。**表 3.3** に工種別基礎流出係数の標準値を示す。また，**表 3.4** に用途別総括流出係数の標準値を示す。

**表 3.3**　工種別基礎流出係数の標準値[4)]

| 工種別 | 流出係数 | 工種別 | 流出係数 |
|---|---|---|---|
| 屋根 | 0.85〜0.95 | 間地 | 0.10〜0.30 |
| 道路 | 0.80〜0.90 | 芝，樹木の多い公園 | 0.05〜0.25 |
| その他不透面 | 0.75〜0.85 | 勾配の緩い山地 | 0.20〜0.40 |
| 水面 | 1.0 | 勾配の急な山地 | 0.40〜0.60 |

**表 3.4**　用途別総括流出係数の標準値[4)]

| | |
|---|---|
| 敷地内の間地が非常に少ない商業地域や住宅地域 | 0.80 |
| 浸透面の屋外作業場などの間地を若干持つ工場地域 | 0.65 |
| 若干庭がある住宅地域 | 0.65 |
| 住宅団地などの中層住宅団地および一戸建て住宅の多い地域 | 0.50 |
| 庭園を多く持つ住宅地域 | 0.35 |
| 畑地などがわりあい残っている郊外地域 | 0.35 |

流達時間とは，雨水が排水区域の最遠隔の地点から管きょに流入するまでの時間（流入時間 $t_1$）と雨水が管きょの最上流端から考えている地点まで流れてくる時間（流下時間 $t_2$）の和である。流入時間は配水区域の特性などによって 5 〜 10 分の値をとる（平均として 7 分を用いることが多い）。また，流下時間 $t_2$ は，想定している地点までの雨水管の最大距離（$L$）を計画流量に対応する雨水管内の流速（$v$）から，$t_2=L/v$ によって計算する。

降雨継続時間が流達時間より長い場合は，全排水区域からの雨水が同時に管きょの終端に集まることになるが，そうでない場合は遅滞現象が起こり，時間差をもって各区域からの雨が集まることになる。

**例題 3.3**

C 市は人口 15 万人で，下水道整備はほぼ 100%である。ある排水区の下流に位置する雨水管の計画のために，その場所での最大計画雨水流出量を求めたい。

C 市における過去 30 年の降雨データから，10 年確率の降雨強度式として，$I=5500/(t+40)$（$I$：流達時間内の平均降雨強度〔mm/h〕, $t$：流達時間〔min〕）が得られている。当該位置に流入する雨水管の最大延長距離 $L=4000$〔m〕，排水面積 $A=250$〔ha〕で，そのうち 80%が「若干庭がある住宅地域」，20%が畑地である。また，計画雨水流量に対応する雨水管内の流速 $v=1.5$〔m/s〕，流入時間 $t_1=7$〔min〕とする。

**解答**

流達時間 $t=(7\ \mathrm{min})+(4000\ \mathrm{m})/(1.5\ \mathrm{m/s})=51$〔min〕

流達時間を降雨継続時間と考えると

平均降雨強度 $I=5500/(51+40)=60$〔mm/h〕

排水区の平均的な流出係数 $C=0.80\times0.65+0.20\times0.35=0.59$

よって，最大計画雨水流出量 $Q=1/360\times0.59\times60\times250=25$〔$\mathrm{m^3/s}$〕となる。

〔6〕 **計画汚濁負荷量および計画流入水質**　計画汚濁負荷量は，生活汚水，営業汚水，工場排水，観光汚水などの汚濁負荷量の合計値となる。生活汚水に由来する汚濁負荷量は，一人一日当りの汚濁負荷量に計画人口を乗じて求めるが，その際には**表 3.5** などの原単位を参考とする。計画流入水質は，処理場に流入する下水の水質であるが，計画汚濁負荷量を計画一日平均汚水量で除した

**表 3.5**　一人一日当り汚濁負荷量の参考値[4)]

| 項　目 | | BOD | COD | SS | T-N | T-P |
|---|---|---|---|---|---|---|
| 汚濁負荷量〔g/(人・日)〕 | し　尿 | 18 | 10 | 20 | 9 | 0.9 |
| | 雑排水 | 40 | 17 | 25 | 2 | 0.4 |
| | 合　計 | 58 | 27 | 45 | 11 | 1.3 |

値となる。

〔7〕 **計画放流水質**（design effluent water quality）　下水処理場は，水質汚濁防止法における特定施設となっており，同法に基づく一律排水基準，あるいは都道府県が定める上乗せ基準は満たさなければならないが，それとは別に下水道施行令により**表 3.6** の水質を満たさなければならない。

**表 3.6**　下水道施行令による放流水の水質基準

| pH | 大腸菌群数 | SS |
|---|---|---|
| 5.8～8.6 | 3000 個/$cm^3$ | 40 mg/L |

BOD，T-N，T-P については，下水道管理者が自ら計画放流水質を定め，この水質に適合するする処理法を採用しなければならない。**表 3.7** は，下水道法施行令に定める計画放流水質と代表的な処理方法を示したものである（実際の施行令ではさらに多くの方法パターンが示されている）。

**表 3.7**　下水道法施行令による計画放流水質の区分と代表的な処理方法（下水道法施行令（2019 年 4 月 1 日）の表を簡略化および改変）

| 主たる処理法 | 添加物 | | 併用法 | BOD〔mg/L〕 | T-N〔mg/L〕 | T-P〔mg/L〕 |
|---|---|---|---|---|---|---|
| | 凝集剤 | 有機物 | 急速ろ過法 | | | |
| 標準活性汚泥法 | — | — | — | 10～15 | — | — |
| | — | — | ○ | 10 | — | — |
| 循環式硝化脱窒法 | — | — | — | 10～15 | 20 | — |
| | ○ | — | — | 10～15 | 20 | 3 |
| | — | ○ | ○ | 10 | 10 | — |
| 嫌気好気法 | — | — | — | 10～15 | — | 3 |
| 嫌気無酸素好気法 | — | — | — | 10～15 | 20 | 3 |
| | ○ | ○ | ○ | 10 | 10 | 0.5 |
| 循環式硝化脱窒型膜分離活性汚泥法 | — | — | — | 10 | 10 | — |
| | ○ | — | — | 10 | 10 | 0.5～1 |

基本となるのは標準活性汚泥法と呼ばれるもので，BOD は 10 ～ 15 mg/L の基準に対応できるが，窒素およびリンについては処理が十分ではない。しかし，同法を改変した循環式硝化脱窒法では，窒素を除去可能であり，同じく改

変した嫌気好気法では，凝集剤の添加物がなくてもリンを除去することができる。さらにそれらの改変を組み合わせた嫌気無酸素好気法では，窒素とリンの両方が除去可能となる。

一方，これらの処理法には，凝集剤あるいは有機物の添加物，あるいは後段における急速ろ過法の併用の組合せがあり，急速ろ過を併用するとBOD，凝集剤を添加するとT-P，有機物を添加するとT-N，それぞれの処理効率を向上させることができる。なお，いわゆる高度処理は，この表3.7では標準活性汚泥法以外のすべての方式が該当する。

**例題 3.4**

D市は人口80000人であり，市域のほとんどは住宅地であるが，市域の全人口の汚水を分流式下水道により収集して，処理後に放流する計画がある。営業用水，地下水量の影響を無視できるものと仮定して，下水処理場に流入する一日平均汚水量およびそれに対応するときのT-P濃度を計算せよ。また，下水処理場においてT-Pを90%除去するのに適している汚水処理方法を挙げよ。

**解答**

平均一人一日当り平均水道使用量を280 L/(人·日)とすれば，一日平均汚水量は，(80000人)×(280 L/(人·日))＝22400 $m^3$/日となる。

一方，D市より発生するT-Pの負荷量は

(1.3 g/(人·日))×(80000人)＝104 kg/日

よって，処理場への流入水のT-P濃度は

(104 kg/日)/(22400 $m^3$/日)＝4.6 mg/L

これを90%除去するということは，T-Pの放流水質を0.46 mg/Lにするということであるので，表3.7を参考にすると，凝集剤添加急速ろ過併用嫌気無酸素好気法，および凝集剤添加循環式硝化脱窒型膜分離活性汚泥法が適切である。■

〔8〕 **合流式下水道の改善**　合流式下水道は雨天時の放流水質に課題があるため，2003年に改正された下水道法施行令にて，雨水の影響が大きい場合，下水処理場および雨水吐を含む各吐口からの放流水の平均水質がBODで

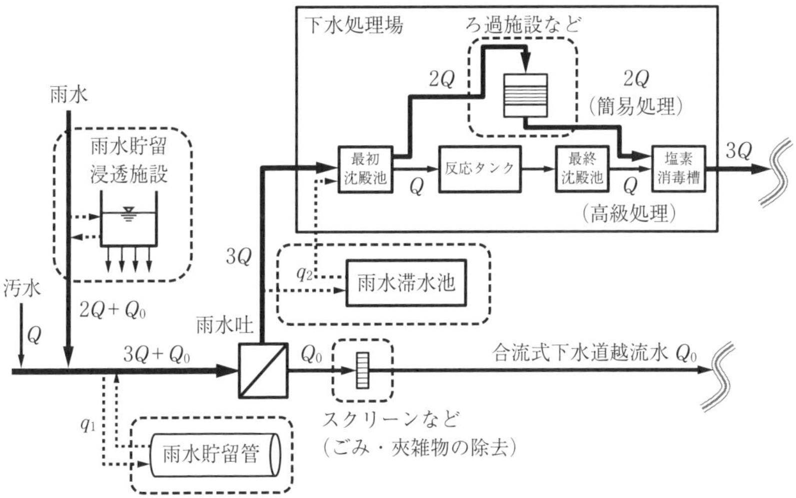


**図 3.11** 合流式下水道改善の手法の概念図

40 mg/L 以下とするなどが定められた。この対策としての合流式下水道の改善の概念図を**図 3.11** に示す。

晴天時下水流量 $Q$ に対して，超過する $2Q$ までは，沈殿・消毒のみの簡易処理で放流し，$3Q$ を超える分（$Q_0$）については，雨水吐などから無処理で放流される（**合流式下水道越流水**（combined sewer overflow））。

この状況に対する対策としては，おもに以下のものがある。

① 下水処理場における簡易処理のフロー中に，砂よりも大きな粒径のろ材で高速でろ過し，簡易処理水の水質を改善する。

② 雨水吐などからの越流水に対してスクリーンなどを設置して，ごみや夾《きょう》雑物などの流出を抑える。

③ 雨水滞水池（池構造）や雨水貯留管（地下の大口径管）にて，汚濁物を多く含む初期雨水をいったん貯め（図中の $q_1$，$q_2$），降雨終了後に処理場に送って適切な処理を行う（演習問題〔3.4〕参照）。

④ 下水管への流入前に，雨水貯留施設にて降雨のピークをカットしたり，浸透施設で雨水量を減少させるなどして，$Q_0$ そのものをカットする。

## 演習問題

〔3.1〕 河川から取水する水道システムにおいて，取水位置を可能な限り上流とすることの長所，短所を考えよ。

〔3.2〕 わが国の一人一日平均水道使用量（図 3.1）の変化（1995 年度頃までの増加とそれ以降の減少傾向）の理由としてどのようなものが考えられるか。

〔3.3〕 分流式下水道でも，実際には雨天時に晴天時よりも多い下水（20%増程度）が処理場へ流入することがある。その理由としてはどのようなことが考えられるか。

〔3.4〕 合流式下水道において，降雨初期の雨水がそれ以降の降雨に比べて多くの汚濁物を含んで処理場に流入するが，その理由は何か。

# 4章 上下水道における水輸送系の設計

**◆本章のテーマ**

上下水道システムにおいて，水を貯め，輸送するための施設は，上下水道をシステムとして成立させるための最も重要な基盤となるものであり，その概要，設計方法，維持管理方法などを理解することを本章のテーマとする。

**◆本章の構成（キーワード）**

4.1　水輸送系の概要

4.2　管路の材質

　　鉄管，コンクリート管，樹脂管

4.3　管の施工方法

　　開削工法，推進工法，シールド工法，更生工法

4.4　水道システムの水輸送系

　　ダム，取水，導水，送配水，配水管，給水

4.5　下水道システムの水輸送系

　　管きょ，管きょの接合，ポンプ場

**◆本章を学ぶと以下の内容をマスターできます**

☞　上下水道の輸送系の概要を理解できる。

☞　水輸送系に用いる管の種類について理解できる。

☞　管路の施工方法について理解できる。

## 4.1　水輸送系の概要

すでに説明したとおり，上下水道システムは，水の輸送系と処理系より構成される。水道システムには，管路のほかに取水施設，配水池，ポンプ場などがあり，下水道システムは，管路に加えポンプ場などから構成される。

両システムに共通するものとして管路システムがあるが，両者は道路下に敷設される水輸送系という意味では共通点も多いが，水道管は内圧に耐える構造でなければならず，下水管は自然流下が可能なように敷設することが必要である。本章では，管路を中心として，その他の輸送系にかかわる施設について説明する。

## 4.2　管 路 の 材 質

### 4.2.1　上下水道システムに用いられる管種

上下水道システムの輸送系に用いられる管種にはさまざまなものがあるが，おもなものを**表 4.1** に示す。

**表 4.1**　上下水道輸送系に用いられるおもな管種

| 管　種 | おもな継手 | よく用いられる口径 | | | おもな用途 |
|---|---|---|---|---|---|
| | | 小：直径 100 mm 程度以下 | 中 | 大：直径 1000 mm 程度以上 | |
| ダクタイル鋳鉄管 | 差込み | ⟷ | ⟷ | ⟷ | 水道用導・送・配水管，下水汚泥送泥管 |
| 鋼管 | 溶接 | | ⟷ | ⟷ | 水道用導・送水管，水管橋 |
| 鉄筋コンクリート管（ヒューム管） | 差込み | | ⟷ | ⟷ | 下水管（大口径） |
| ステンレス鋼管 | 溶接 | ⟷ | ⟷ | | 給水管，浄水場などの場内管 |
| ポリエチレン管 | 融着 | ⟷ | ⟷ | | 水道用配水管 |
| 塩化ビニル管 | 接着・差込み | ⟷ | ⟷ | | 水道用配水管・給水管，下水管（小口径） |

継手の形式は，管の耐震性や施工性を左右する重要な要素であるが，差込みとは，管の受け口に挿し口を挿入することにより接合するもので，接合が容易であるが，離脱する恐れもある。したがって，ダクタイル鋳鉄管の継手には離脱防止機能を備えた耐震継手が普及している。溶接とは，継手部を溶接することによって接合するもので，長距離にわたって管を一体化することによって，耐震性を備えているものである。融着とは，ポリエチレン管に用いられる継手形式であり，管の継手部を熱で融解することによって管を一体化させるものである。

### 4.2.2 鉄　系　管

〔1〕 **鉄 の 分 類**　鉄鋼は炭素含有率により，鋳鉄などの**鉄**（iron）と**鋼**（steel）とに分けられる。**鋳鉄**（cast iron）は炭素含有率 2%以上の Fe-C 合金であり，鋼より溶融温度が低く鋳造しやすい。

〔2〕 **ダクタイル鋳鉄管**　**ダクタイル鋳鉄管**（ductile iron pipe）は溶融した鉄に金属マグネシウムを加えることによって鋳鉄中の炭素を球状にし，普通の鋳鉄に比べて靭性を大きくして耐衝撃性を増したものである。耐圧性が大きいことから，水道用管路の中では最もよく用いられており，下水道の分野でも汚泥圧送管に用いられている（演習問題〔4.1〕参照）。

ダクタイル鋳鉄管（耐震管）の継手は差込み式（プッシュオン式）となっており，**図 4.1** に示すように一度挿入するとロックリングによって抜け出しが防

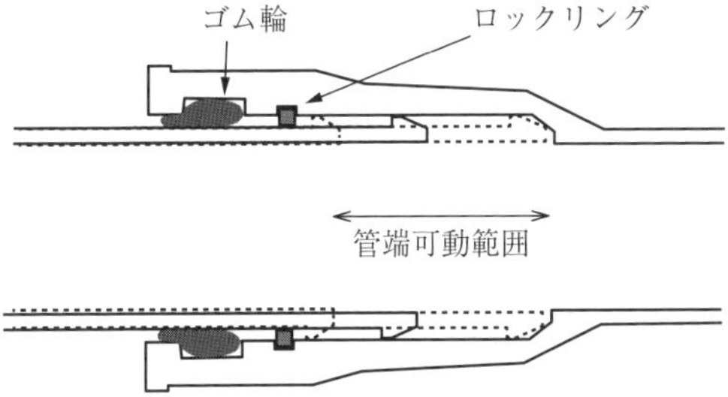


**図 4.1**　ダクタイル鋳鉄管（耐震管）の接手構造の概略

止され，かつゴム輪によって止水される構造となっているので，地震時に地盤が変形しても接手部で曲げ，伸縮などの変形を吸収するので，水道用耐震管として最もよく利用されている（**図 4.2**，演習問題〔4.1〕参照）

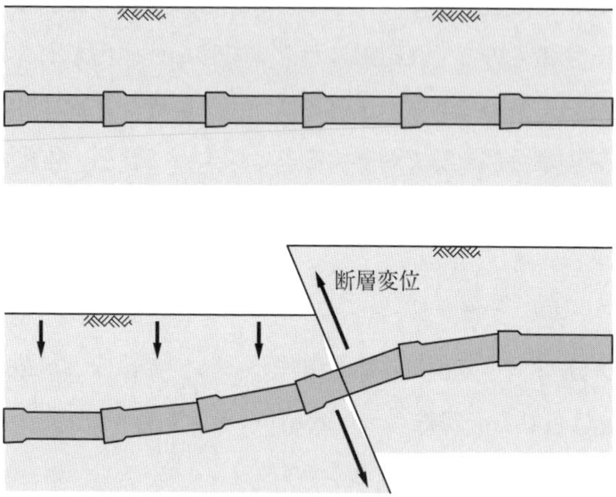


**図 4.2**　ダクタイル鋳鉄管（耐震管）の断層による地盤変形への対応

〔3〕 **鋼　　管**　**鋼管**（steel pipe）は，炭素含有率が鋳鉄より低いもので，靭性に富んで加工性もよく，ダクタイル鋳鉄に比べて薄肉化できる。溶接により接合することにより複数本の管を一体化し，地盤の変動には管体の強度および変形能力で対応できる。石油パイプラインなどにも用いられ，水道用では，大口径の導・送水管に用いられることが多い。また，河川を横断する水管橋にも用いられる。

〔4〕 **ステンレス鋼管**　**ステンレス鋼管**（stainless steel pipe）は，鉄とクロムやニッケルとの合金であるステンレス鋼を素材とする管で，さびにくいという特徴を持つ。ステンレス鋼の ISO 規格では，炭素含有量 1.2%以下，クロム含有量 10.5%以上の鋼と定義される。給水管や浄水場内の配管などに用いられることが多いが，水管橋に用いられることもある。JIS で定義される SUS304 は水道用によく用いられるが，これはニッケルが 8 ～ 10.5%，クロムが 18 ～ 20%である。小口径のものは屋内の給水管に用いられる。

**コ　ラ　ム**

**荒川水管橋—日本一長い水管橋—**

河川をまたいで水道水を輸送する場合，河床下を潜らせて管を敷設するか河川上を横断するかどちらかであるが，後者の場合の橋構造を水管橋といい，強度や重量を考慮して鋼管が用いられることが多い。ところでわが国最長の水管橋は，埼玉県鴻巣市と熊谷市をつなぐ荒川水管橋である（**図**を参照）。荒川は通常時の川幅に比べて河川敷が広いことで知られており，近くには川幅日本一（2537 m）の場所もある。

**図**　荒川水管橋（日本最長 1100 m，口径 1200 mm×2 連）

### 4.2.3　コンクリート管

**鉄筋コンクリート管**（reinforced concrete pipe，ヒューム管）は，鉄筋かごを入れた型枠を成形機の上で回転させ，ミキサーで練り混ぜたコンクリートを投入し，遠心力で締め固めながら成形して管としたもので，一般にヒューム管と呼ばれる。比較的大口径の下水管きょに用いられることが多い。

### 4.2.4　樹　　脂　　管

〔1〕 **塩化ビニル管**　　**塩化ビニル管**（polyvinyl chloride pipe）は，塩化ビニル重合体を主原料にして，押出し，射出などの方法で成形される軽量で施工性に優れる可とう性管で，耐食性に優れ，小口径の下水管や配水管として用い

られる。屋内の給水管や排水管には，接着剤による接合が用いられることが多く，配水管や下水管にはゴム輪による接合形式が用いられることも多い。

〔2〕 **ポリエチレン管**　**ポリエチレン管**（polyethylene pipe）は，高分子材料であるポリエチレンを成形した管で，軽量で施工性に優れる可とう性管である。耐食性に優れ，おもに小口径の水道の配水管に用いられる配水管用ポリエチレン管は，従来のポリエチレンより長期静水圧強度と長期寿命性能を高めた高密度のポリエチレンを用いたものである。近年は，電熱線によって融解して接合する電気融着が継手の接合に用いられる（**図 4.3**）。

**図 4.3**　配水用ポリエチレン管の現場における融着

## 4.3　管の施工方法

### 4.3.1　開 削 工 法

**開削工法**（open-cut method）は，最もよく使われる工法で，ショベルカーなどで土を掘って管を敷設した後，土で埋め戻すものである（**図 4.4**）。おもに浅い深度に敷設する管や小口径の管の敷設に用いられ，非開削工法に比べて費用が安い反面，道路の交通を妨げるため，夜間に工事をするなどの措置が必要となる。

図 4.4 開削工法における配水管の施工

### 4.3.2 推 進 工 法

**推進工法**（pipe-thrusting method）は，管敷設深度が大きい場合や，道路の交通量が多いなどの理由で開削工法による施工が困難な場合に採用される非開削工法の一つである。垂直方向に発進立坑および到達立坑を掘削し，発進立坑より搬入した掘進機によって到達立坑方向に掘り進めると同時に，同じく発進立坑から搬入した推進管をつぎつぎに背面に設置して，その背面からジャッキで押しながら掘り進み，両立坑間を推進管で連結して管路とするものである（**図 4.5**，**図 4.6**）。開削工法に比べて騒音・振動・交通渋滞などの問題を解消できる特徴がある。

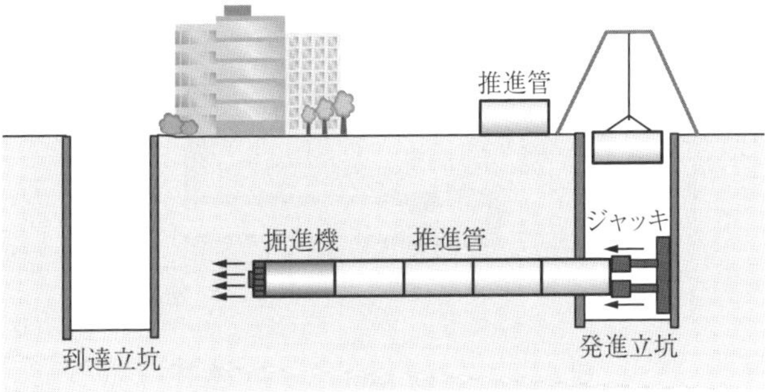


図 4.5 推進工法による管の敷設

図4.6　推進工法における発進立坑への推進管の設置

### 4.3.3　シールド工法

**シールド工法**（shield jacking method）は，推進工法と同じ非開削工法であり，発進立坑から搬入したシールドマシンで到達立坑の方向に掘り進む工法であるが，発進立坑から管そのものを搬入するのではなく，管の一部となるセグメントを搬入し，シールドマシンの背後でセグメントを組み立てて管路を形成するものである（**図4.7**）。また，推進工法の掘進機を押すための反力は発進立坑の壁面であるが，シールドマシンを押す反力は最先端のセグメントとなることも両者が異なる点である。水道システムのダクタイル鋳鉄管や鋼管をこの

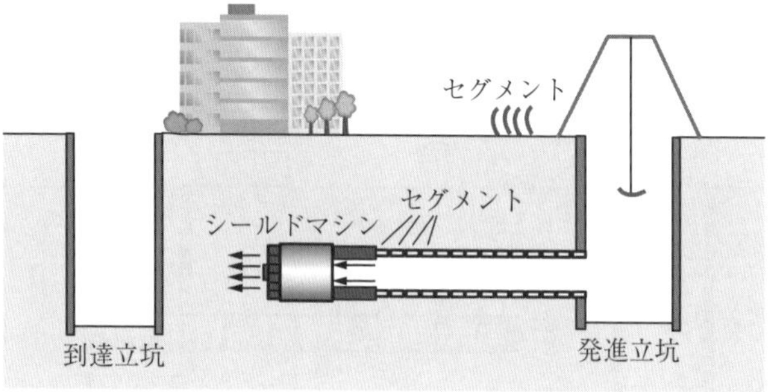


図4.7　シールド工法による管の敷設

**図 4.8** シールド工法で 1800 mm ダクタイル鋳鉄管の送水管を敷設する工事

工法で敷設する場合は，セグメントで構成された管の内面にこれらの管を挿入させる工法をとる（**図 4.8**，演習問題〔4.2〕参照）。

### 4.3.4 更 生 工 法

**更生工法**（pipe rehabilitation method）は，老朽化した管の内面に別の素材を挿入し，既設管の内面に密着させて，新たな管を内面に形成する工法である（**図 4.9**）。内面が腐食するなど老朽化した下水管に対して広く用いられる。管の更新（既設管を撤去して新たな管を敷設すること）よりも費用が安い。

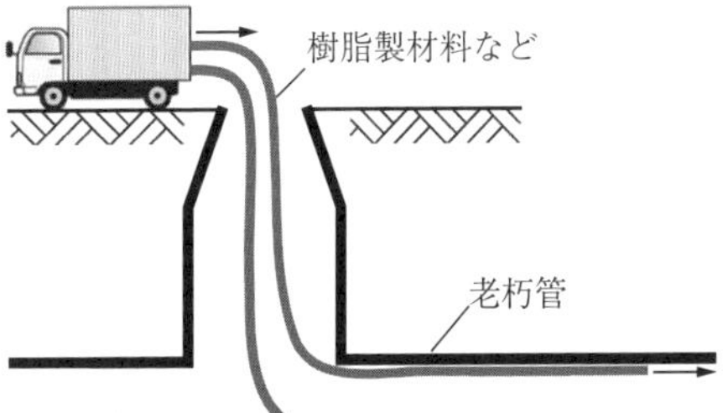


**図 4.9** 管更生工法の概念図

# 4.4　水道システムの水輸送系

## 4.4.1　貯　水　施　設

2.1.5 項で記述したように，河川において新たに水源を確保するためには，ダムなどの**貯水施設**（water storage facilities）が設けられることが多い。ダムは河川を堰《せ》き止めて貯留した水を必要なときに放流して利用するものであり，かつては水道水源専用のダムとして，水道事業の一環として建設されたものもあったが，近年は，利水（水道用水，工業用水，または農業用水用），治水（洪水防止），および水力発電などの複数の用途を兼ね備えた多目的ダムとして，国，水資源機構，あるいは都道府県が主体として建設される例が多い。

ダムの形式には，コンクリートを用いる重力式コンクリートダム（**図 4.10**），

**図 4.10**　水道専用ダムである布引ダム（重力式コンクリートダム）および布引貯水池（神戸市）

**図 4.11**　多目的ダムである天ケ瀬ダム（アーチ式ダム）と鳳凰湖（宇治川，京都府）

**図 4.12**　アースダムで構築されている村山貯水池（東京都）

**図 4.13**　ロックフィルダムである徳山ダム（岐阜県）

アーチ式ダム（**図 4.11**）のほか，土を台形に形成するアースダム（**図 4.12**），岩石などを積み上げるロックフィルダム（**図 4.13**）などがある。

### 4.4.2 取 水 施 設

**取水施設**（intake facilities）は水源地において水道原水を取水し，浄水場まで送るための施設であり，計画取水量は計画一日最大給水量を基準とし，作業用水や導水時の漏水などを見込んで 10％程度増すことが標準とされる。

取水施設の種類としては，取水堰，取水塔，取水門（以上は河川，湖沼から取水する場合），集水埋きょ（伏流水を水源とする場合），浅井戸，深井戸（以上は地下水を水源とする場合）などがある。

取水堰および取水塔の例を**図 4.14**，**図 4.15** に示す。取水堰は河川を横断する形で設置して堰き止め，河川水位の高さを確保して取水をするための施設

**図 4.14**　取水堰の例（利根大堰）

**図 4.15**　取水塔の例（村山貯水池，東京都）

で，河口近くに設置される場合は，海水の遡上を阻止する役割も担う。取水塔は水位変動の大きい河川や湖沼内に設ける塔状の構造物で，塔側面に取水口を設けて水を塔内に引き込んで取水する。また，取水口を高さ方向に多段に複数箇所設置することで，異なる深さから取水することも可能となる。

地下水を取水する井戸には，ステンレス製のスクリーンを埋設し，筒内に集められた地下水をポンプで揚水する構造となる。

### 4.4.3 導　水　施　設

**導水施設**（raw water transmission facilities）は，取水施設から浄水場まで水道原水を送るための施設である。自然流下で導水する区間は導水管あるいは導水渠，ポンプで加圧する区間は，導水管およびポンプ施設から構成される。

導水渠は原水を開水路で導く施設で，開渠，暗渠，トンネルがあり，自由水面を持ち，重力によって水を流す。最小流速は0.3 m/s程度，最大流速は3.0 m/s（モルタルまたはコンクリート内面）から6.0 m/s（鋼，鋳鉄）程度となるようにする（**図4.16**，演習問題〔4.3〕参照）。

**図4.16**　導水渠の出口（長沢浄水場）

### 4.4.4 送 配 水 施 設

〔1〕 **送配水施設の概要**　　**送配水施設**（water transmission and distribution facilities）では，浄水場でつくられた水道水は送水管によって配水池まで送られ，そこで貯えられた後に配水管によってユーザまで送られる。送水管は導水管と同様に大口径管となるが，水道水を輸送するために，圧力管とする。

配水管は基幹となる配水本管とユーザへの給水管の取り付けを目的とする配水支管に分けられる。配水支管が網目構造となって配水管網を構成している場合，1本の配水支管に事故があっても，水道水を別ルートからユーザに送ることができ，断水を回避することができるが，配水支管が樹脂状となっている場合は，事故が起こった配水支管より下流側のユーザはすべて断水することになってしまう。送水管，配水池は一日最大給水量を基準に，配水管は時間最大給水量を基準に設計される。

〔2〕 **配　水　池**　**配水池**（distributing reservoir）は，ユーザへの配水量の時間変動を調節するためのものである。一般に，給水区域内の給水量（＝水使用量）は昼間に多く，夜間には少なくなるパターンとなるが，浄水場からの水道水の流量は日変動がないので，配水池での調節機能が必須となる。また，地震災害などによる浄水場や導・送水管路などの突発事故や水源での水質事故による浄水機能の停止などが起こった場合でも，ある程度の水量を確保す

**図4.17**　鉄筋コンクリート配水池の内部

**図4.18**　PC製配水池

る非常時対応機能も求められる。

配水池の容量は，一日最大給水量の12時間分が標準であるが，非常時対応のためにより多くの容量を確保することが望ましい。

配水池の構造には，鉄筋コンクリート製（一般に長方形，**図4.17**），プレストレストコンクリート（PC）製（一般に円筒形，**図4.18**），鋼板製（一般に円筒形），ステンレス製（長方形や円筒形）などがある。

配水池はできる限り配水区域内に設置し，できる限り下流の配水管の延長を短くするようにする。また，点検，清掃などを考慮して，一般に2池以上とする。

〔3〕 **配　水　管**　**配水管**（distributing pipe）は配水池から家庭やオフィスなどの配水区域まで水道水を送るためのもので，その配水区域内で1時間当り最大に使用する水量を基準に設計される必要があり，計画一日最大給水量時における時間平均配水量に時間係数を乗じた計画時間最大配水量に基づき計算される。時間係数は給水区域内の昼夜人口変動などに依存するが，1.5～2.0程度の値をとることが多い。

配水管内の圧力水頭の流下方向の変化を示したものが**図4.19**である。夜間などユーザの水使用量がきわめて少ない場合，配水管内を水が流れないために圧力損失がないので，配水管全域にわたって配水池の水位までの圧力水頭が存在することになる。また，一般にこの時間帯では配水池の水位は最大値となるので，この時間帯に配水管に働く圧力が想定すべき最大値となる。図では，管路末端の位置での圧力水頭が最大静水圧となる。

一方，昼間などで水使用量が最大となるとき，配水池の水位も一般に最小値となり，また流れに起因する配水管内での圧力損失も最大となるので，図に示すような動水勾配線となり，このときの配水区域内での最小の圧力水頭は，図の場合では末端より少し上流の位置で発生し，これを最小動水圧という。

配水管の圧力に起因する破損を考慮する場合は，最大静水圧を考慮すべきで，建物への給水に十分な圧力を確保するという意味では，最小動水圧を考慮すべきとなる。わが国では，最大静水圧は0.74 MPa以下，最小動水圧は0.15 MPa以上とすることとなっている。

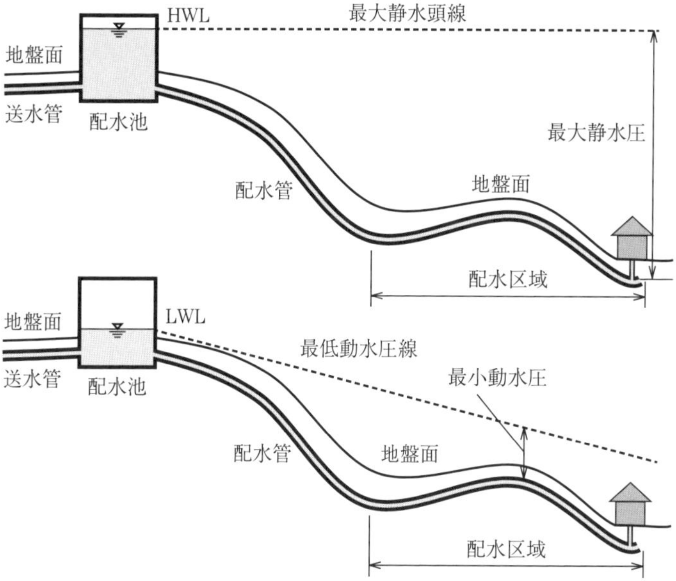


図 4.19　配水管内の圧力水頭の変化（上：夜間，下：昼間）

**例題 4.1**

図 4.20 のように，65 m の高低差のある二つの配水池を 1 本の送水管でつなげている。管の途中には，下流側の配水池の手前に一つのバルブがあるのみである。また，それぞれの配水池の最大水位と最小水位は図に示すとおりである。この間の管内圧の最大値と最小値はどれだけになるか。

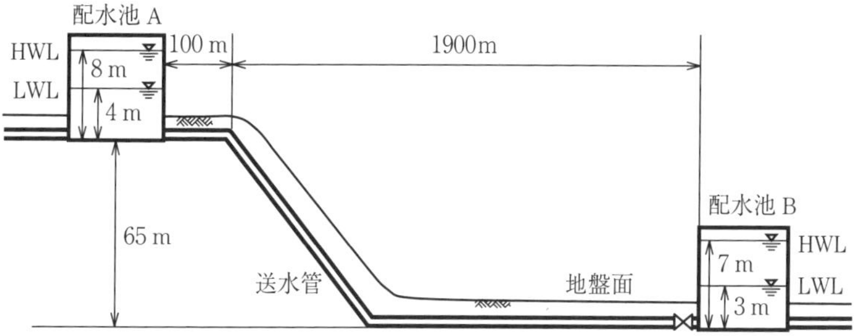


図 4.20

**解答**

最大圧は**図 4.21** に示すとおり，配水池 B の手前のバルブを全閉しているときに，バルブの直前の位置で生じ，約 73 m となる。最小圧は，バルブを全開にしたときに，配水池 A から出て最初の曲がり部で生じ，約 0.7 m となる。ちなみに，この場合，配水池 A，B の水位がさらに下がった場合，負圧（マイナスの値）になる危険性があり，例えば配水池 A の水位が 0.27 m を下回ると負圧となる。

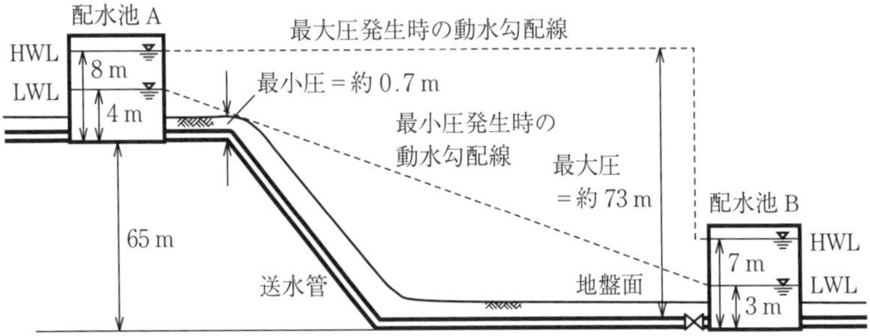


**図 4.21**

**例題 4.2**

**図 4.22** に示すように，配水池から配水区域（人口 2000 人）まで管径 150 mm のダクタイル鋳鉄管（新管）で配水されている。この給水区域への計画一日最

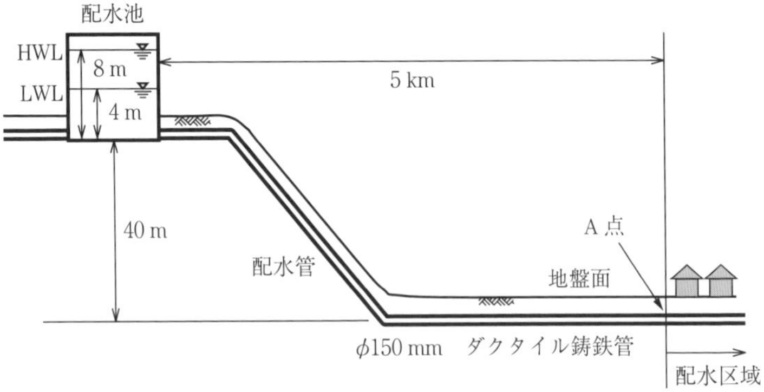


**図 4.22**

大給水量が $620\ \mathrm{m^3}$/日，時間係数を 1.5 として，この配水管の配水区域入口の位置 A 点における最小動水圧を計算せよ。

**解答**

計画時間最大配水量 $q=(620\ \mathrm{m^3}/\text{日})\times 1.5=38.7$〔$\mathrm{m^3/h}$〕$=0.0108$〔$\mathrm{m^3/s}$〕となるので，配水管の延長＝5〔km〕，$C=130$ として，ヘーゼン・ウィリアムス式を用いると，摩擦損失水頭 $h_f=15.4$〔m〕となる。よって**図 4.23** に示すように，A 点における最小動水圧は，28.6 m となる。

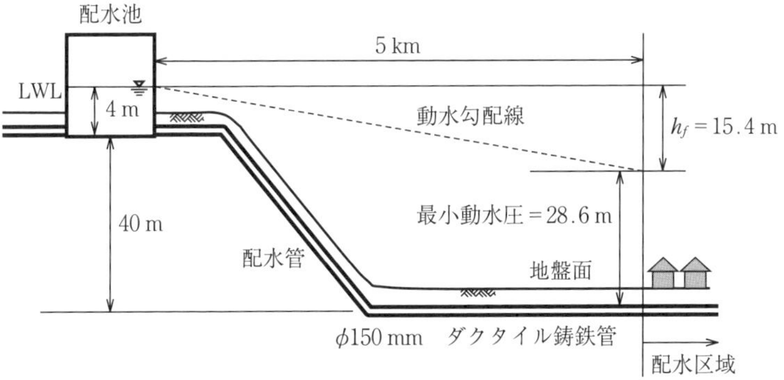


**図 4.23**

## 4.4.5　給　水　装　置

〔1〕　**給水装置の概要**　　**給水装置**（water service installation）とは水道水をユーザに供給するため，道路下に敷設されている配水管から分岐して設置される給水管およびこれに直結する用具のことをいう。配水管からユーザまでの給水方式は，大別すると**直結給水方式**（water service system without receiving tank）と**受水槽方式**（water service system with receiving tank）に分けられる（演習問題〔4.4〕参照）。

〔2〕　**直結給水方式**　　配水管から家屋内の末端（蛇口など）まで直接給水するもので，**図 4.24** に示す直結直圧式は，配水管内の圧力により直接給水す

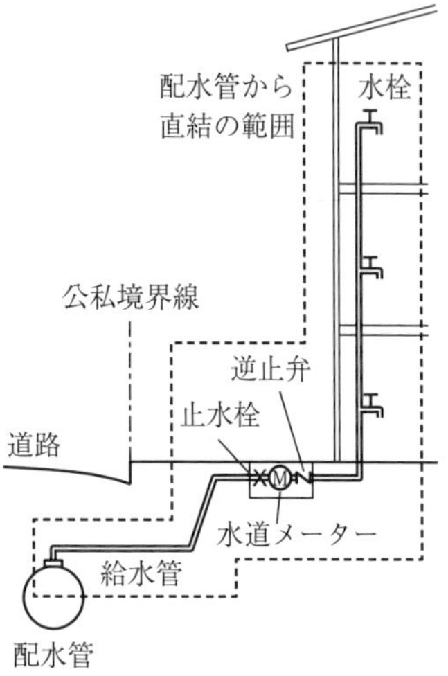


**図 4.24**　直結給水方式（直結直圧式）

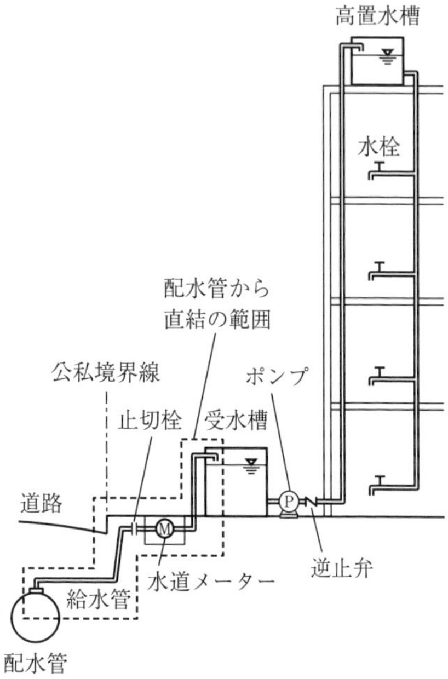


**図 4.25**　受水槽方式（高置水槽式）

る方式で，3 階建て以下の一般住宅に用いられる。給水管から水栓までが配水管に直結しており，その間のすべてが給水装置となる。そのほかにも，給水管の途中にポンプユニットを設置して増圧して給水する方式などもある。

〔3〕 **受水槽方式**　　水道水をいったん受水槽で受け，その後ポンプによって増圧して末端まで給水するものであり，**図 4.25** に示す高置水槽式では，ポンプで高置水槽にくみ上げた後に自然流下によって各階の末端まで給水し，4 階建て以上のマンションやオフィスビルなどに用いられることが多い。配水管からの水道水は，いったん受水槽で圧力解放され，その下流側のポンプ以下の水栓までと直結していないため，受水槽より下流側の装置はすべて，給水装置の定義から外れることになる。

## コ　ラ　ム

### クロスコネクション

給水装置由来の水質事故事例として多く，給水管から直結している給水装置の範囲に，水道以外の水源（井戸水，工業用水，下水再生水など）からの給水ラインを直結してしまったり，家庭内で風呂桶などに給水栓からホースなどをつなげて，先端を水中に浸漬させてしまったりする例などが原因となる（**図**）。

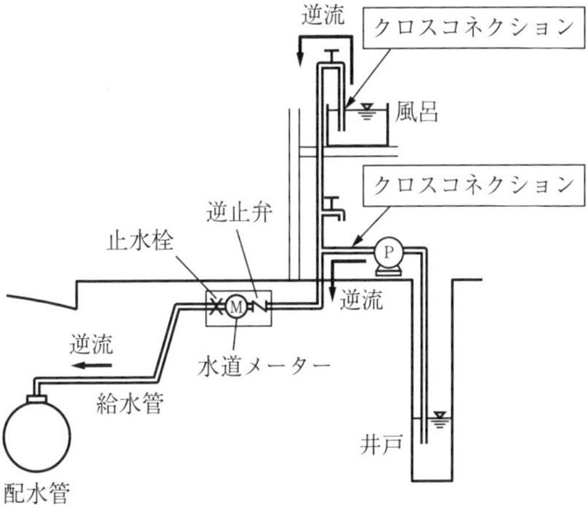


**図**　クロスコネクションの事例
（井戸，風呂との直結）

これらがなぜ危険かというと，給水管内が何らかの理由で負圧になり，汚染されている井戸水や風呂桶の中の水が給水管を逆流して配水管内に流入し，配水管内の水道水そのものを汚染させてしまう恐れがあるためである。これらの逆流事故を防止する目的で，水道メーター付近に逆止弁が設置されることもあるが，**クロスコネクション**（cross connection）は水質汚染を招く恐れのあるきわめて危険な行為である。

## 4.5 下水道システムの水輸送系

### 4.5.1 下水道の水輸送系の概要

下水道の水輸送系は水を輸送する管路施設と，水を自然流下させるのに必要な高さを確保するために揚水するポンプ場施設から構成される。管路施設は，管きょや，管きょの点検などをして維持管理するために必要なマンホールのほか，家庭などから下水（汚水および雨水）を下水道に流入させるための排水設備，ます，取り付け管，などから構成される（**図 4.26**）。

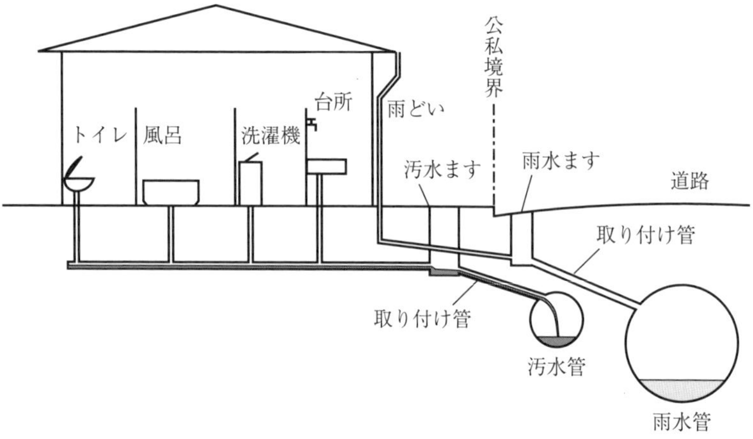


**図 4.26**　分流式下水道における家庭からの排水設備，ます，取り付け管

### 4.5.2 管　き　ょ

〔1〕 **管きょの概要**　　**管きょ**（pipe）は，管分流式では汚水管きょと雨水管きょ，合流式下水道では合流管きょと遮集管きょ（合流管きょから下水処理場まで下水を流す管）より構成されるが，基本的には自然流下方式をとるため，管内の水位が上昇して満管となると，汚水や雨水が溢水《いっすい》してしまい大きな被害を招く。したがって，計画汚水量に対して余裕を持って流下能力を計算する必要がある。

〔2〕 **管きょの形状と材質**　　管きょの形状は，かつては馬蹄形や卵形も用

いられてきたが，近年は円形が最も多く用いられる。用いられる管材としては，大口径ではコンクリート管，小口径では硬質塩化ビニル管や強化プラスチック管が広く用いられる。

〔3〕 **流量計算**　流量計算には，すでに1章で説明したマニングの式を用いることが多い。

$$v=\frac{1}{n}R^{2/3}I^{1/2} \tag{4.1}$$

ここに，$v$：断面平均流速〔m/s〕，$n$：マニングの粗度係数，$R$：径深〔m〕，$I$：エネルギー勾配である。

下水管きょの中の流れは，河川や水路と同様に管内に自由水面を持つ流れであること，管径が水道の管路よりも大きく，レイノルズ数が大きいことが影響している。管きょの設計に用いる計画下水量は

汚水管きょ：計画時間最大汚水量

雨水管きょ：計画雨水量

合流管きょ：計画雨水量＋計画時間最大汚水量

遮集管きょ：雨天時計画汚水量

のとおりであるが，計算には余裕を持った流量を満管の状態で流すことができるようにするものとし，汚水管きょに関しては，**表4.2**のような余裕を考慮する。

**表4.2**　汚水管きょの余裕[1)]

| 管きょの内径 | 700 mm 未満 | 700～1650 mm | 1650～3000 mm |
|---|---|---|---|
| 計画汚水量に対する余裕 | 100% | 50～100% | 25～50% |

管きょ内の流速が小さすぎると，管内に沈殿物が堆積してしまい，逆に大きすぎると，管きょを破損する恐れがあるので，**表4.3**のような流速の範囲とな

**表4.3**　管きょの設計流速の範囲の目安[1)]

| | 汚水管きょ | 雨水管きょ<br>合流管きょ |
|---|---|---|
| 最大流速 | 3.0 m/s | 3.0 m/s |
| 最小流速 | 0.6 m/s | 0.8 m/s |

るようにする（演習問題〔4.5〕参照）。

管きょ内に堆積物が堆積することを防ぐためには，下流にいくに従って流速が大きくなるようにするが，下流ほど流量が増えるために管径も大きくなり，下流ほど勾配は小さくなるようにする。

**例題 4.3**

いま，計画雨水量 2.0 $m^3/s$ に対応する雨水管を設計したい。管の勾配を 1/200 とするとき，管径はどの程度にしたらよいか計算せよ。

**解答**

マニングの粗度係数 $n=0.015$ として計算をする。いま仮に，管径を 1 m とし，100％の余裕率を見込むものとし，満管の状態でマニングの式を適用すると，管内流速 $v=1.87$〔m/s〕となり，これに管の断面積を乗じると，管内流量＝1.47〔$m^3/s$〕となって，計画雨水量 2.0 $m^3/s$ の 100％増しの流量には不足する。

仮に管径を 1.5 m として，余裕率 100％を見込むものとし，同様に満管の状態でマニングの式を適用すると，管内流速 $v=2.45$〔m/s〕，管内流量＝4.33〔$m^3/s$〕となって，所定の流量を流すことが可能となり，しかも管内流速は 3.0 m/s よりも小さい。よって，管径は 1.5 m 程度とすればよいことがわかる。

■

〔4〕 **管きょの接合**　管きょの方向，勾配，管径が変わる箇所や管きょの合流する箇所，あるいは，管きょの直線部でも維持管理の必要性から，**表 4.4** の間隔でマンホールを設置する。

**表 4.4**　マンホールの間隔[1)]

| 管　径 | 600 mm 以下 | 1000 mm 以下 | 1500 mm 以下 | 1650 mm 以下 |
|---|---|---|---|---|
| 最大間隔 | 75 m | 100 m | 150 m | 200 m |

管きょの接合方法には，**図 4.27** に示すような，水面接合（上下流側の水面のレベルを一致させる），管頂接合（上下流側の管頂のレベルを一致させる）のほか，管中心接合（上下流側の管の中心のレベルを一致させる），管底接合（上下流側の管の底部のレベルを一致させる）があるが，水理学的な合理性や

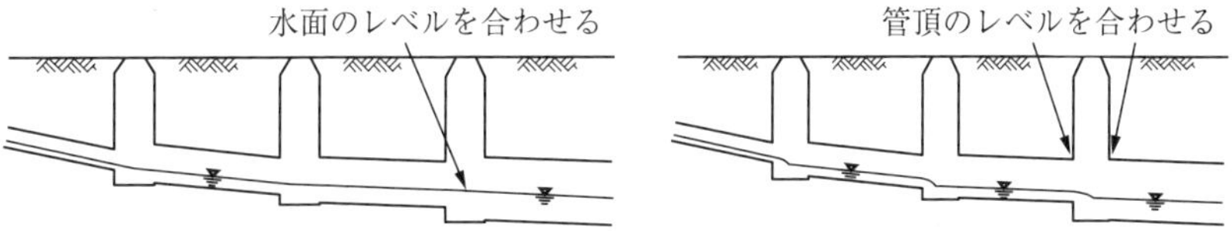


（a）　水面接合　　　（b）　管頂接合

**図 4.27**　管きょの接合の種類

安全性から，原則として水面接合か管頂接合とする。

### 4.5.3　ポンプ場施設

〔1〕　**ポンプ場の種類**　　下水は自然流下での排除や輸送が基本であるが，地形の関係で揚水する必要があるときは，**ポンプ場施設**（pumping station facilities）を設ける。下水道では，以下の 3 種類がある。

① 中継ポンプ場：排水面積が広く土地が平坦な場合，管路の途中で下水を，ポンプを用いて揚水し，再び自然流下で流すためのもの。

② 排水ポンプ場：雨天時に低地の排水区域に降った雨を速やかに河川や海域に揚水して排除するためのもの。

③ 処理場内ポンプ場：下水処理場に到着した下水を，処理場内で揚水してから各施設を自然流下で通し，処理後にそのまま河川や海域に放流するために必要なポンプ施設。

〔2〕　**ポンプ場の構造**　　**図 4.28** に雨水を揚水するためのポンプ場の構造の概略例を示すが，汚水のポンプ場もほぼ同様の構造である。下水には砂，ごみ，厨芥，繊維質などの大小さまざまな固形物が混入しているので，ポンプを閉塞させたり故障させたりしないようにする必要があり，沈砂池を設けて砂などの沈降しやすい固形物を排除し，さらにスクリーン（目幅は汚水用：15 ～ 25 mm，雨水用：25 ～ 50 mm）を設ける。

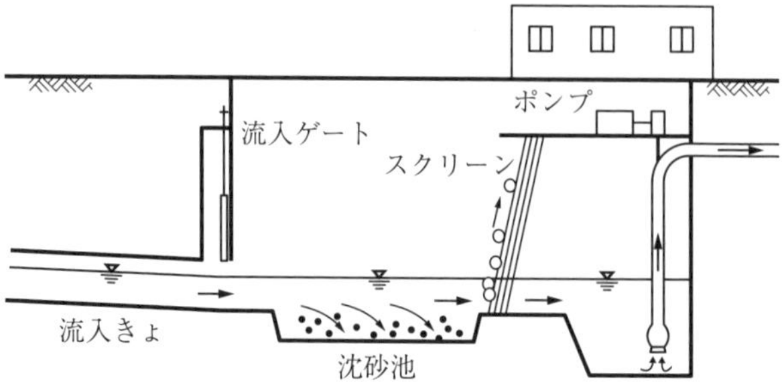


**図 4.28**　雨水を揚水するポンプ場の概略例

〔3〕 **ポンプ設備**　　下水道用の主ポンプの形式とその特性を**表 4.5** に示す。

ポンプはその揚水原理から，ターボ形と容積形に大別される。ターボ形は羽根車をケーシング内で回転させて，液体にエネルギーを与えるものである。容積形はピストン，プランジャーやローターなどを，シリンダーやケーシング内での移動，回転による密閉空間の容積変化によって液体にエネルギーを与えるものである。下水道用としてはおもにターボ形が用いられ，表のような形式のものが用いられる。

**表 4.5**　下水道用の主ポンプの形式と特性[1)]

| 形　式 | 全揚程 | ポンプ口径 | 比速度 (min$^{-1}$, m$^3$/min, m 基準) |
|---|---|---|---|
| 軸流ポンプ | 5 m 以下 | 400 mm 以上 | 1200～2000 |
| 斜流ポンプ | 3～20 m | 400 mm 以上 | 400～1400 |
| 渦巻斜流ポンプ | 5～20 m | 300 mm 以上 | 250～1200 |
| 渦巻ポンプ | 5 m 以上 | 65 mm 以上 | 100～700 |

ポンプの選定には，次式で得られる比速度を考慮する。

$$n_s = N\frac{Q^{1/2}}{H^{3/4}} \tag{4.2}$$

ここに，$N$：ポンプの規定回転数〔min$^{-1}$〕，$Q$：ポンプの規定吐出量〔m$^3$/min〕，$H$：ポンプの規定揚程〔m〕である。

## 演 習 問 題

〔4.1〕 ダクタイル鋳鉄管が，下水道用管路としては，汚泥送泥管以外にはあまり用いられない理由は何か。

〔4.2〕 シールド工法は，開削工法と違って地上部から開削するわけではないので，道路を通行止めしなければならないなどの制限が少ないものの，依然として土地確保の問題は大きい。それは何のための土地か。

〔4.3〕 取水から浄水場までの導水施設は開渠やトンネルでもよいが，浄水場より下流の送配水施設は，管路である必要がある。それはなぜか。

〔4.4〕 給水方式において，直結給水式と受水槽方式を比較してそれぞれの長所と短所を考えよ。

〔4.5〕 表 4.3 において最小流速が，汚水管きょより雨水管きょのほうが大きく設定されている理由を考えよ。

# 5章 水処理システム

**◆本章のテーマ**

本章では，上下水道システムにおける水処理工程，すなわち浄水場および下水処理場におけるプロセスを理解するための基礎的事項を学ぶ。

**◆本章の構成（キーワード）**

5.1　水処理システムの基礎

　浄水，下水処理，汚泥処理

5.2　物理化学的プロセスの基礎

　沈殿，汚泥濃縮，凝集，ろ材ろ過，塩素処理，オゾン処理，活性炭吸着，膜ろ過，脱水

5.3　生物反応装置の基礎

　生物反応装置，HRT，SRT，容積負荷，汚泥負荷，生物膜法

**◆本章を学ぶと以下の内容をマスターできます**

☞　水処理プロセスの基礎を理解できる。

☞　水処理プロセスに用いられている物理化学的プロセスの基礎を学ぶことができる。

☞　生物反応プロセスの基礎を学ぶことができる。

# 5.1　水処理システムの基礎

## 5.1.1　水処理システムの基本構成

**図5.1**に浄水場および下水処理場における水処理システムの基本構成を示す。両プロセスともに，処理すべき水を水処理工程で目的とする水質まで処理するが，その過程で必ず排水や汚泥が発生する。これらは依然として液状であるため，濃縮・脱水工程を経て含水率を下げ，脱水ケーキあるいは脱水汚泥とし，処理処分あるいは有効利用されるが，この工程から発生する上澄水や脱水ろ液などは多くの場合，水処理工程へ戻されて再び処理される。水処理システム全体としては，処理すべき水を固液分離することが本質的なプロセスである。

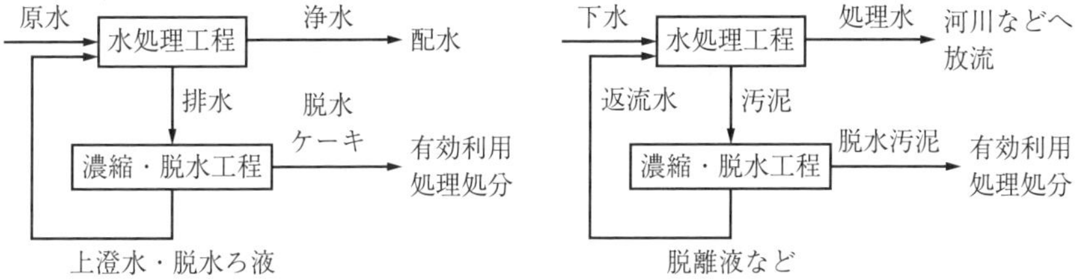


（a）　浄水処理工程　　　　（b）　下水処理工程

**図5.1**　水処理システムの基本構成

**図5.2**および**図5.3**に代表的な浄水処理プロセスである急速ろ過法，および代表的な下水処理プロセスである標準活性汚泥法のフロー図を示すが，いずれも，凝集や沈殿などの物理的プロセス，塩素消毒などの化学的プロセス，および生物学的プロセスとの組合せによって構成されている。

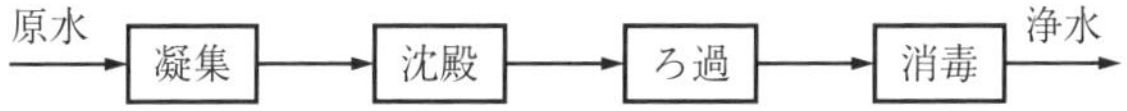


**図5.2**　急速ろ過法の基本フロー図

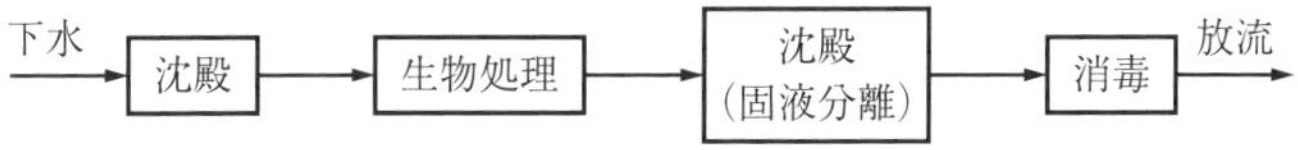


**図5.3**　標準活性汚泥法のフロー図

### 5.1.2　水処理単位操作の基礎

水処理技術は下・排水処理と浄水処理に分けることができる。両者は処理対象水と処理水の目標水質は大きく異なるが，基本となる技術は共通するところも多い。

**表5.1**は，水処理プロセスにおける代表的な除去対象物質を示したものである。浄水処理では，飲み水の安全性や感覚的な指標（外観や臭味など）が問題となり，水源水質が比較的良好であれば，濁質，鉄・マンガンなどと病原性微生物の除去が重要なプロセスとなるが，水源水質が悪化すれば，窒素類，有機物類，微量化学物質などが除去対象となってくる。また，塩素消毒などの実施によってトリハロメタン類などの消毒副生成物が生成することが問題となっており，これらの物質そのものあるいは前駆物質となる有機物を除去対象物質とすることも多い。下水処理では，浮遊物質（SS），有機物，微生物類が通常の処理対象であるが，富栄養化対策が必要になると，栄養塩類の除去が必要となる。工場排水は，業種によって除去対象物質も異なるが，SS，有機物，栄養塩類に加え，重金属や有機塩素化合物などの有害物質が処理対象となる。

**表5.1**　各種処理プロセスと除去対象物質

| 除去対象物質 | 浄水処理 | 下水処理 | 工場排水処理 |
|---|---|---|---|
| 濁質など | 濁度 | SS | SS |
| 有機化合物 | 消毒副生成物前駆物質 | BOD，COD | BOD，COD |
| 栄養塩類 | アンモニア，硝酸性窒素 | 全窒素，全リン | 全窒素，全リン |
| 病原性微生物 | 細菌，ウイルス，原虫類 | 細菌，ウイルス | － |
| 微量化学物質など | 臭気原因物質，農薬など | － | 有機塩素化合物など |
| 金属など | 鉄，マンガン，硬度 | － | 重金属類，フッ素，ホウ素など |
| 有害物質 | ヒ素など | － | ヒ素，シアンなど |
| 水処理副生成物 | 消毒副生成物など | － | － |

**図5.4**は，水処理における処理対象物質をその性質に基づいて分類したものである。対象物質はまずその大きさによって分類され，適切な孔径の膜を選定すれば，その化学的性質によらず，物理的に除去が可能となる。例えば，細菌

| 性質＼サイズ | | 1 mm けん濁物質　1 μm　コロイド　1 nm 溶解物質 |
|---|---|---|
| 微生物 | | 原生動物　藻類　原虫　細菌　ウイルス |
| 有機物 | 生物易分解性 | バイオマス（SS）←（菌体として取込み）― タンパク質　糖類 |
| 有機物 | 生物難分解性 | フミン質　臭気原因物質 |
| 無機物 | 易凝析性 | ←（凝集） シルト　粘土　$MnO_2$　$Al(OH)_3$　$Fe(OH)_3$ ←（不溶化）― $Mn^{2+}$　$Al^{3+}$　$Fe^{2+}$ |
| 無機物 | 非凝集性 | $SO_4^{2-}$　$NO_3^-$　$Cl^-$ |

**図 5.4**　水処理における処理対象物質の性質に基づいた分類（文献 1）を改変）

類，原虫類などの除去には，孔径 0.1 μm 程度の精密ろ過膜，ウイルスの除去のためには，孔径 0.01 μm 以下の限外ろ過膜，海水淡水化など水中のイオンを含む溶存物質を除去するためには，逆浸透膜がそれぞれ適用される。

一方，有機物は生物学的な分解性によって，無機物は凝集性により区分される。

タンパク質などの易分解性有機物に対しては，微生物処理が適用され，微生物体に取り込んで物理的に分離が容易なバイオマスの形に変換した後に処理されるが，生物学的に難分解な物質に対しては，酸化法や吸着法などの物理化学的処理を用いる。

凝集性のある無機物は，凝集処理によって不溶化あるいは粗大化した後に，沈降やろ過などによって除去が可能になるが，非凝集性の無機物については，逆浸透膜，吸着，イオン交換などの物理的処理を用いるか，イオンの種類によっては微生物の作用を利用する。

# 5.2 物理化学的プロセスの基礎

## 5.2.1 沈　　殿

**沈殿**（sedimentation）による固液分離は水処理プロセスの基本であり，また多くの水処理システムに組み込まれる基本的単位操作である。

〔1〕 **粒子の沈降速度**　水中で，一定速度 $v$ で自由に沈降する粒子には，抗力と浮力が釣り合っているので以下の式が成立する。

$$\frac{1}{2}\rho C_D v^2 A = (\rho_s - \rho) g V \tag{5.1}$$

ここに，$v$：粒子沈降速度，$\rho_s$：粒子の密度，$\rho$：水の密度，$C_D$：抗力係数，$A$：粒子の沈降方向への投影断面積，$V$：粒子の体積，$g$：重力加速度である。したがって抗力係数 $C_D$ がわかれば，沈降速度 $v$ を求めることができる。

粒子が球である場合の $C_D$ については，すでに多くの知見が得られており，**図5.5** に示すように，以下の式で定義されるレイノルズ数 Re の関数となる。

$$\mathrm{Re} = \frac{\rho v d}{\mu} \tag{5.2}$$

ここに，$\mu$：水の粘性係数，$d$：粒子の直径である。

Re<1 の領域は球の周りの流れが層流であり，水の粘性に起因する抗力のみが考慮される。一方，Re≧500 では球の背後に渦が生じる乱流となり，粒子の

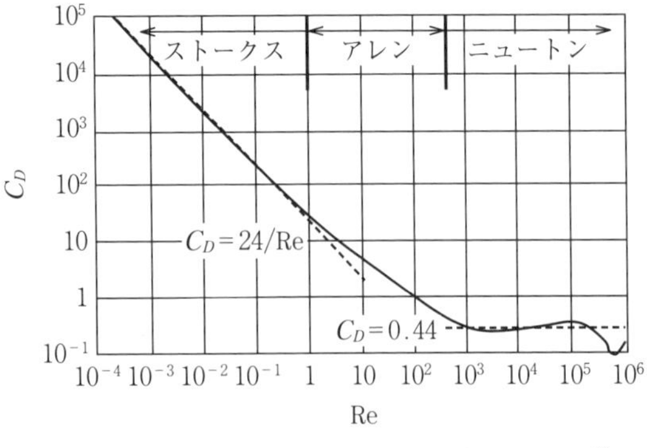


**図5.5**　球に働く抵抗係数とレイノルズ数との関係[2)]

前面と後面の圧力差により生まれる抗力が考慮されている。図にあるように Re の範囲で 3 領域に分けられるが，水処理で取り扱う沈降は，粒径が小さく，また沈降速度も遅いので，Re$<$1 の領域（ストークス領域）で成立する以下のストークスの式が用いられる。

$$v=\frac{g(\rho_s-\rho)d^2}{18\mu} \tag{5.3}$$

〔2〕 **横流式沈殿池における沈殿効率**　　**図 5.6** に示すような横流式沈殿池を考える。長さ $L$，幅 $W$，水面の高さ $H$ で A ～ C より濁水が流量 $Q$ で均一に流入し，D ～ F より均一に流出すると考える。このとき，水の平均的な水平方向の流速 $u$ は以下の式で得られる。

$$u=\frac{Q}{WH} \tag{5.4}$$

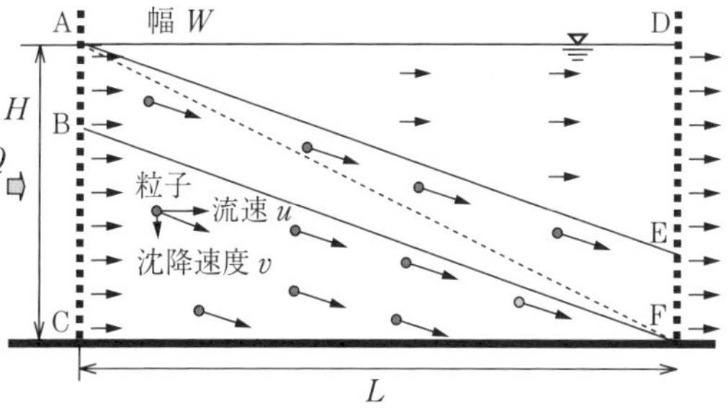


**図 5.6**　横流式沈殿池における沈殿効率

粒子の沈降速度を $v$ とすると，$v:u=H:L$ のとき，流入側の最上点 A より流入した粒子が流出側の最下点 F に到達する（図中の破線）。したがって

$$u<\frac{vL}{H} \tag{5.5}$$

であれば，すべての粒子を沈降除去することができる。式 (5.5) は変形すると以下のようになる。

$$v>\frac{uH}{L}=\frac{Q}{WH}\frac{H}{L}=\frac{Q}{WL}=\frac{Q}{A}\ (=v_0) \tag{5.6}$$

式(5.6)で定義した$v_0$は流量を沈殿池の表面積（$A$）で除したもので，水面積負荷または表面積負荷と呼ばれる。すなわち，表面積負荷$v_0$より粒子の沈降速度が大きければ，沈殿効率が100%となる。

一方，粒子の沈降速度が表面積負荷$v_0$より小さい場合を考える。図に示すようにA点より流入した粒子がE点より流出するとする。この場合は，B点より流入した粒子がちょうどF点に到達するので，A～Bより流入した粒子は流出，B～Cより流入した粒子は沈殿除去されることになり，除去効率は，A～Cの距離とB～Cの距離の比になる。したがって粒子の除去率$\eta$は，$\eta = v_0/v$で得られる。

横流式沈殿池の沈殿効率は，式(5.6)で定義される水面積負荷が小さいほど大きくなり，同じ流量に対して表面積を大きくすればよいことになる。この効果を利用したのが傾斜板で，**図5.7**(a)に示すように傾斜させて並行に多重に設置した板によって沈殿面積を増大させて表面積負荷を小さくすれば，傾斜板上に沈殿した粒子はすべり落ちて一段下の傾斜板に移動する。実際の浄水場沈殿池に設置された傾斜板を図(b)に示すが，現場では定期的な清掃が必要と

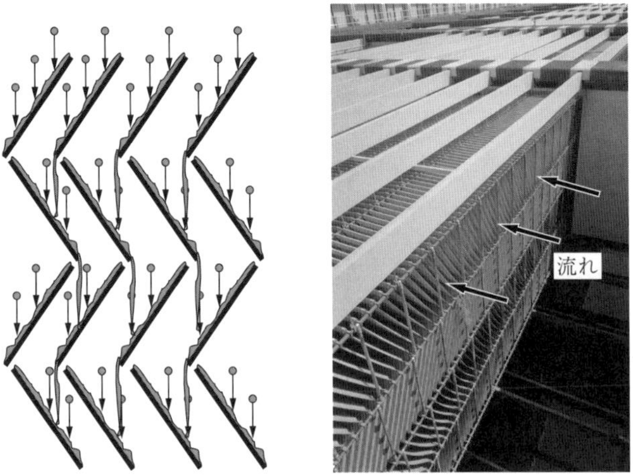


(a) 構　造　　　(b) 浄水場沈殿池における設置例

**図5.7**　傾斜板の構造と実際の設置例

なる。

〔3〕 **汚泥の沈降濃縮**（sedimentation concentration of sludge）　シリンダーに高濃度の濁水あるいは汚泥を入れて沈降させると，初期は粒子どうしがたがいに干渉せずに沈降する自由沈降となるが，次第に清澄水とスラリーとの界面が明確になり，粒子どうしが干渉し合いながら沈降する現象をみせる。しかし，やがて界面の沈降速度は急速に減少し，スラリーは圧密しながら沈降するようになる。この過程を図示したものが**図5.8**であり，回分沈降曲線と呼ぶ。

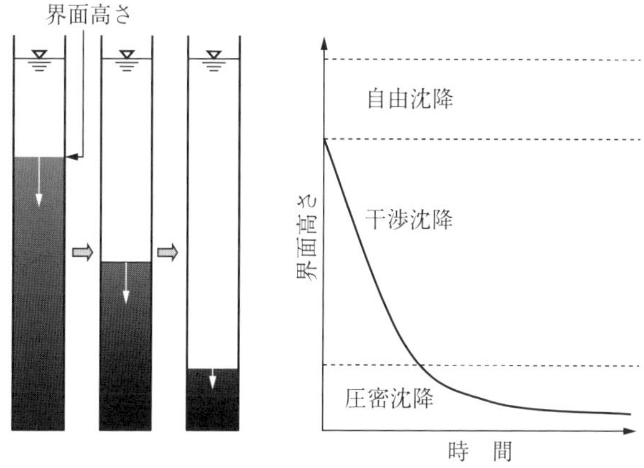


**図5.8**　回分沈降曲線

浄水場や下水処理場において発生する汚泥を連続的に重力濃縮させる施設（連続沈殿濃縮槽）において必要となる面積の計算には，このような沈殿過程を考慮する。

**例題 5.1**

幅5 m，長さ（流れ方向）10 m，水深4 mの横流式沈殿池に，SS濃度100 mg/Lの排水が一日当り1000 $m^3$流入している。固形物の沈降速度が1 cm/分で均一であるとすると，この沈殿池の出口のSS濃度はいくらになるか。ただし，池内の流れは平行で乱れや短絡はないものとする。

**解答**

この沈殿池の表面積は，(5 m)×(10 m)＝50 $m^2$ であるので，この沈殿池の水面積負荷は，$v_0$＝(1000 $m^3$/日)/(50 $m^2$)＝20〔m/日〕となる。固形物の沈降速度がこの値より小さければ，固形物の除去率は100%となり，また，その値より大きい場合は，水面積負荷との比が固形物の除去率となるので，沈殿池でのSS除去率は，(1 cm/分)/(20 m/日)＝0.72となる。したがって，沈殿池出口のSS濃度は，(100 mg/L)×(1－0.72)＝28 mg/Lとなる。

### 5.2.2 凝　　集

〔1〕 **凝集の概要と目的**　水に懸濁しているコロイド粒子（0.001～1 μm程度）は，水中でブラウン運動をしており，粒子表面が負に帯電していて相互に反発しているため水中で安定な状態を保っている。**図5.9**は水中のコロイド粒子の周りに形成される電位分布の概念図を示したものである。粒子の表面の電荷を中和するため，粒子周りには粒子表面と反対の電荷（この場合は正電荷）が分布するようになるが，粒子表面から遠ざかるに従ってその密度が小さくなる分布を形成する。粒子のごく近傍には水の粘性によって粒子と付着し，水中で粒子とともに移動する層が存在し，その外縁（すべり面）における電位を**ゼータ**（ζ）**電位**（zeta potential）と呼ぶ。水中で安定なコロイドを沈殿さ

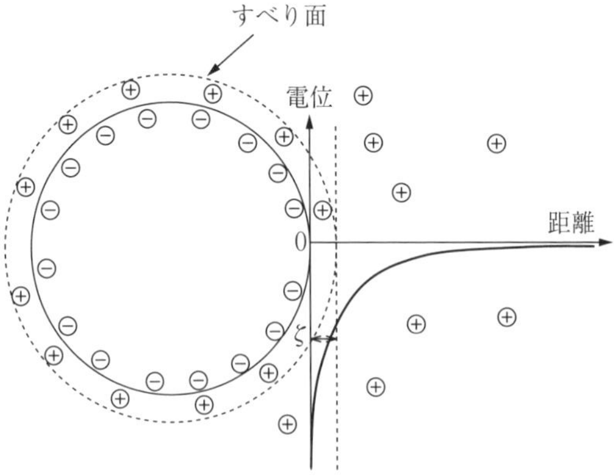


**図5.9**　水中のコロイド粒子周りに形成される電位分布

せて除去するには，凝集剤を加えてゼータ電位を小さくし，化学的に**凝集**（coagulation）させて大きな粒子とする。

〔2〕 **凝集プロセスの理論**　コロイド粒子とその表面電荷と反対の電荷を持つ凝集剤が接触して，ゼータ電位がゼロ付近となると，コロイド粒子はたがいに衝突を繰り返して付着し，次第に大きなフロック粒子を形成する。フロックの形成速度は粒子の衝突頻度に比例すると考えられ，二つの粒子が粒子のスケール程度の距離だけ離れた異なる流線上に存在すると仮定すると，両者が衝突する確率は，両流線の流速差に比例し，距離に反比例すると仮定できるので，速度勾配に比例すると考えられる。槽内の平均速度勾配を ***G* 値**（*G* value）として定義すると，かくはんによる槽へのエネルギー投入率が槽内でのエネルギー散逸率と等しいことなどを考慮して，以下の式を得る。

$$G=\sqrt{\frac{P}{V\mu}} \tag{5.7}$$

ここに，$G$：$G$ 値〔$s^{-1}$〕，$P$：エネルギー投入率〔W〕，$\mu$：水の粘性係数〔Pa･s〕，$V$：槽容積〔$m^3$〕である。

$G$ 値および $G$ 値とかくはん時間との積である $GT$ 値は凝集，フロック形成槽のかくはん効率を表す指標として用いられる。例えば，かくはん翼によって機械的にかくはんする場合の $G$ 値は以下の式で得られる。

$$G=\sqrt{\frac{N_p\rho N^3 d^5}{\mu V}} \tag{5.8}$$

ここに，$N_p$：動力数，$\rho$：水の密度，$N$：かくはん翼の回転速度，$d$：かくはん翼径である。動力数 $N_p$ はかくはん翼の形状によって決定され，一例として，パドル型 4 翼 1 段（**図 5.10**）で，$N_p=1.0$，タービン型 6 ～ 8 枚翼 1 ～ 2 段で 0.61 などの値が採用されている。

$G$ 値は大きくしすぎるとフロックの破壊を招くため，フロック形成によい条件として $G=10$ ～ 75〔$s^{-1}$〕，$GT=23000$ ～ 210000 という値が提案されている。

**図 5.10**　浄水場のフロック形成池における
パドル型かくはん装置

**例題 5.2**

**図 5.11** のように，段落ち部における水の落下エネルギーを利用して，凝集剤と混合する凝集槽がある。原水は 1000 $m^3$/日の流量で平均的に流入している。この凝集槽の $G$ 値を計算せよ。ただし水温は 20℃とする。

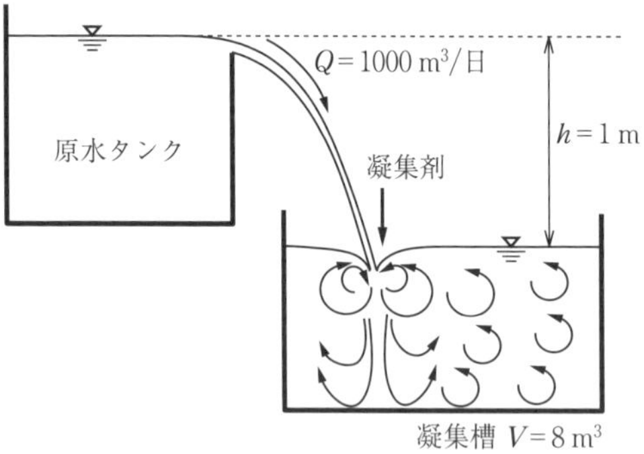


**図 5.11**

**解答**

流入水の落下による凝集剤への投入エネルギー率 $P$ は，$P = \rho Qgh$（$\rho$：水の密度，$g$：重力加速度）で得られるから，$G$ 値は以下のとおりとなる。

$$G=\sqrt{P/V\mu}=\sqrt{\rho Qgh/V\mu}$$
$$=\sqrt{((1000\,\mathrm{kg/m^3})\times(1000\,\mathrm{m^3/日})\times(9.8\,\mathrm{m/s^2})\times(1\,\mathrm{m})/(8\,\mathrm{m^3})/(1.0\times10^{-3}\,\mathrm{Pa\cdot s}))}$$
$$=119\ 〔\mathrm{s^{-1}}〕$$

■

〔3〕 **凝集剤の種類と用途，特徴**　　**凝集剤**（coagulant）はアルミニウム系，鉄系などの無機凝集剤と，高分子凝集剤（陰イオン性，陽イオン性，非イオン性）に分けられる（**表 5.2**）。

**表 5.2**　凝集剤の種類とおもな用途

| 種　類 | 凝集剤 | 化学式 | おもな用途 |
|---|---|---|---|
| 無機凝集剤 | 硫酸アルミニウム | $Al_2(SO_4)_3$ | 浄水処理 |
| | ポリ塩化アルミニウム | $[Al_2(OH)_n(Cl)_{6-n}]_m$<br>$(1 \leqq n \leqq 5,\ m \leqq 10)$ | 浄水処理<br>下水処理（リン除去） |
| | 塩化鉄（Ⅲ） | $FeCl_3$ | 下水処理（リン除去） |
| | ポリ硫酸鉄 | $[Fe_2(OH)_n(SO_4)_{3-n/2}]_m$<br>$(0 < n \leqq 2)$ | 下水処理（リン除去）<br>下水汚泥処理 |
| 高分子凝集剤 | 非イオン性ポリマー | （例）$[CH_2CHCONH_2]_m$ | 下水汚泥処理 |
| | 陰イオン性ポリマー | （例）$[CH_2CHCOO^-Na^+]_m$ | 下水汚泥処理 |
| | 陽イオン性ポリマー | （例）第四級アンモニウム塩<br>$[R_1R_2R_4R_4N^+]_m$ | 下水汚泥処理 |

**硫酸アルミニウム**（aluminum sulfate）は水に溶解すると容易に加水分解するが，アルミニウムはイオン単体の $Al^{3+}$ としてではなく，配位数 6 の $Al^{3+}$ に六つの水分子を配位させた錯体である水和アルミニウムイオン $[Al(H_2O)_6]^{3+}$ として存在する。水和アルミニウムイオン中の $H_2O$ 分子はアルカリ性条件において以下のように解離し，水酸化アルミニウムとなる（**図 5.12**(a)，(b)）。

$$[Al(H_2O)_6]^{3+} \rightarrow [Al(H_2O)_3(OH)_3]\downarrow + 3H^+ \tag{5.9}$$

水中のコロイドの表面は負に帯電しているので，水和アルミニウム $[Al(H_2O)_6]^{3+}$ によって中和され，粒子どうしの反発力が緩和されてフロックの成長が進み，さらに形成された巨大分子である水酸化アルミニウム 〔$Al(OH)_3$〕$^{\infty}$ によって包み込まれ，巨大フロックが形成されると考えられている。

水酸化アルミニウムはアルカリ性条件下において，下記のように電離して沈

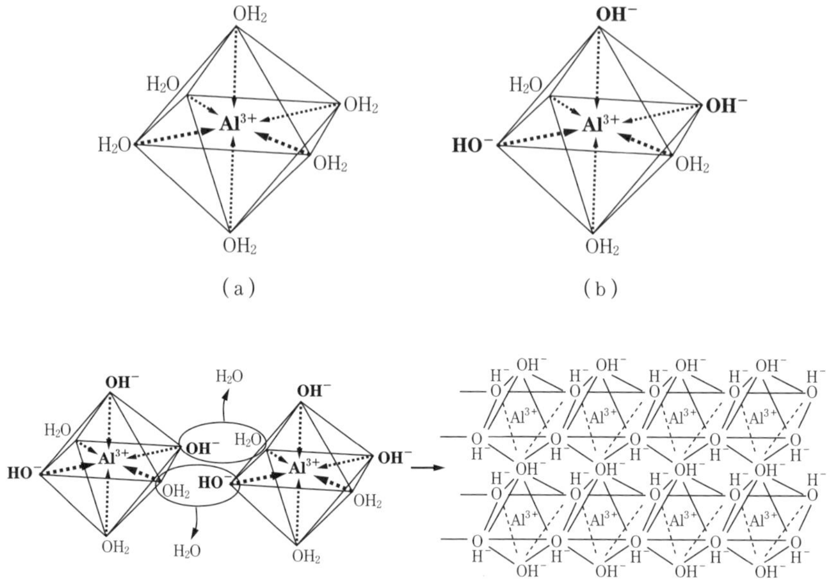


(c)

**図 5.12**　水中におけるアルミニウムのフロック化

殿は溶解してしまうので，pH の条件には注意する必要がある。

$$[Al(H_2O)_3(OH)_3] \rightarrow [Al(H_2O)_2(OH)_4]^- + H^+ \qquad (5.10)$$

**ポリ塩化アルミニウム**（polyaluminum chloride）は液体で，それ自体が加水分解して重合しているので，硫酸アルミニウムに比べて最適 pH 範囲が広く，アルカリ度の低下も少ない。また，高濁度原水や低温時にも安定してフロックが形成されるなどの利点があり，近年は浄水場における凝集剤の主流となっている。酸化アルミニウム（$Al_2O_3$）として 10.0 ～ 11.0wt％のものが使用される。$n/6$ で定義される塩基度は通常のものは 50％程度であるが，最近は 60 ～ 70％の高塩基度のものも利用され始めている。

鉄系凝集剤として一般的なものは**塩化鉄（Ⅲ）**（iron chloride（Ⅲ））である。$Fe^{3+}$ も $Al^{3+}$ と同様に，配位数 6 の $Fe^{3+}$ に六つの水分子を配位させた錯体である水和鉄イオンとして存在しており，アルカリ性条件下において三つの水分子が $OH^-$ で置き換わった水酸化鉄（Ⅲ）を生じる。適用 pH 範囲が広く，フロックが沈降しやすい特徴がある。硫黄系の化合物と結合しやすく脱臭効果があり，また，リンと $FePO_4$ という形態で結合するため，下水処理工程におけるリン除去に用いられる。さらに，多くの重金属処理に用いられる共沈法においても適用される。しかしながら，腐食性が強いことや，添加時の pH 低下が大きいなどの課題があり，近年は，水酸化鉄（Ⅲ）の特徴を保持しながら，あらかじめポリマーの形態となっているポリ硫酸鉄が広く用いられるようになっており，汚泥処理工程にも広く適用されている。

**高分子凝集剤**（polymer coagulant）は少量の添加量で凝集効果があり，大きなフロックを形成することができる。構造例を**図 5.13** に示す。陽イオン性（カチオン系）ポリマーは，無機系凝集剤と同様に，負に帯電しているフロック粒子の表面電荷を中和するとともに架橋作用によってフロックを形成するもので単独で使用することもでき，おもに下水処理工程からの汚泥脱水に用いられる。陰イオン性ポリマーおよび非イオン性ポリマーは無機凝集剤と併用され，粒子間を架橋してフロックを形成するもので（**図 5.14**），おもに下水汚泥処理工程に用いられるが，浄水処理においても使用できる。なお，水道水質基準の要検討項目と目標値において，アクリルアミド濃度の目標値は 0.0005 mg/L

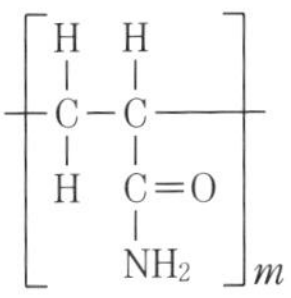

（a） ポリアクリルアミド
（ノニオン系）

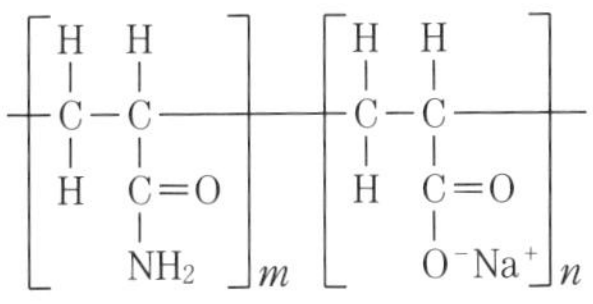

（b） アクリルアミド・アクリル酸ナトリウム
（アニオン系）

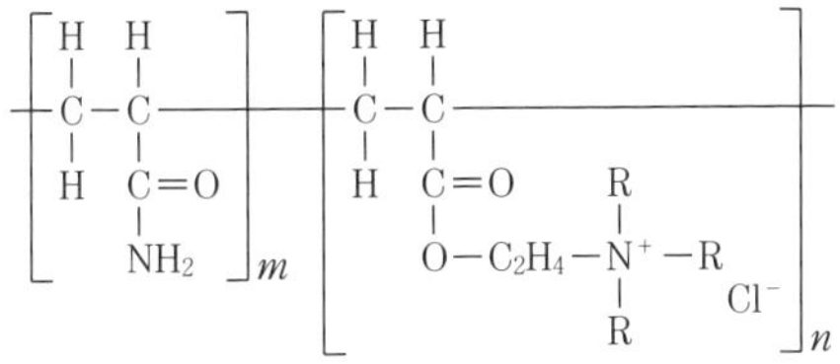

（c） ポリアクリル酸エステル系（カチオン系）

**図 5.13** 高分子凝集剤の構造例

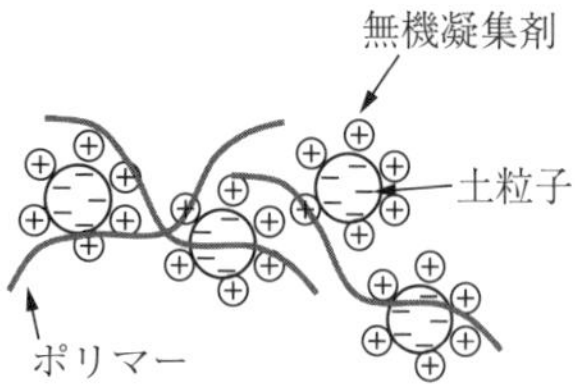


**図 5.14**　陰イオン性／非イオン性ポリマーによる凝集メカニズム

と定められている。

**コ ラ ム**

**高速凝集沈殿法—一世を風靡《び》した革新的技術—**

凝集と沈殿は別々のプロセスであり，通常の浄水処理ではそれぞれ別々の槽が設置され，凝集→沈殿，という順で進める。これらを一つの槽で同時に，しかも高速に（滞留時間 60 分程度で）行うものが 1950 年頃に開発された高速凝集沈殿法である。**図**はそのうちのスラリー循環型と呼ばれる装置の概念図である。凝集剤と混合された原水は反応室においてスラリー（高濃度の濁質フロック）と接触させて，濁質をフロックに吸着させ，続いて導かれる分離室において，濁質を吸着して重くなったスラリーを沈降させて再び反応室に戻し，水は分離されて上部より集水される。接触と分離の連続循環作用で高速な処理が可能となる本法は一世を風靡し，多くの浄水場で採用された。しかし，原水濁度が 10 度程度以上で安定し，水温変動も小さいなどの条件が必要なため，プロセスのコントロールが難しく，1980 年頃からの新設はほとんどなくなった。

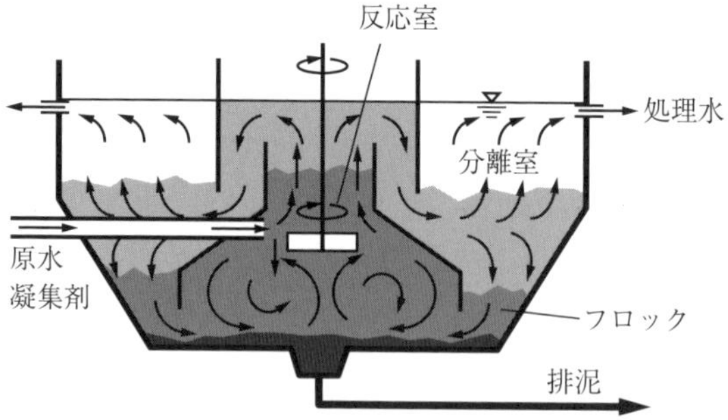


**図**　高速凝集沈殿装置（スラリー循環型）の概要

### 5.2.3 ろ 材 ろ 過

〔1〕 **ろ材ろ過のメカニズム**　**図 5.15** にろ材ろ過（filter media filtration）のメカニズムの概念図を示す。ろ材の空隙スケールよりも大きな粒子の通過を阻止（ふるい分け），粒子がろ材の近傍を通過する際にろ材に接触して捕捉（阻止），粒子がろ材の上部に堆積することによる捕捉（沈降），ろ材の表面に増殖した微生物膜に粒子が捕捉された後，微生物の作用によって分解（生物膜への付着と分解）がある。浄水場では，これらの複合的作用によりろ過されている。

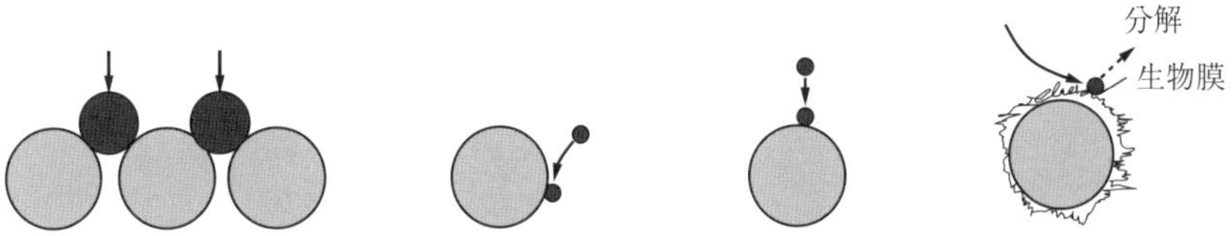


（a） ふるい分け　（b） 阻　止　（c） 沈　降　（d） 生物膜への付着と分解

**図 5.15**　ろ材によるろ過のメカニズム

〔2〕 **ろ材ろ過方式の種類**　**図 5.16** にろ材ろ過方式の種類を示す。図(a)の重力式ろ過では，ろ材の上から下方向に重力によって水を通し，図(b)の圧力式ろ過では，ろ層を圧力容器内に入れ，ポンプなどの加圧によって水をろ過するものである。なお通常，ろ材径に分布がある場合，細かい粒径のろ材

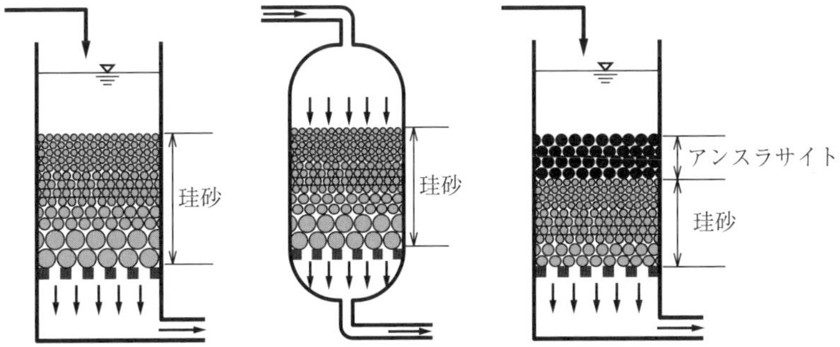


（a） 重力式ろ過　（b） 圧力式ろ過　（c） 二層ろ過

**図 5.16**　ろ材ろ過方式の種類

ほど沈降速度が遅いため，逆流洗浄によってろ材を流動させた後は上部ほど粒径が小さい分布となる。したがって，表面層におけるろ過が卓越する表面ろ過に近い形のろ過メカニズムとなる。これに対して，粒径が大きく比重の軽いアンスラサイトと，粒径が小さく比重の大きい珪《けい》砂を組み合わせた二層ろ過では，粒径の大きい層が上層に位置するため，層全体で効率よくろ過することが可能となる。

〔3〕 **ろ　材**　ろ過に用いられる**ろ材**（filter media）の種類には，砂，アンスラサイト，ガーネット，粒状活性炭などがある。また，上向流ろ過や生物ろ過などには，プラスチック製のろ材などが用いられる。

ろ材の粒子径の特性を表す指標としては，以下のものがある。

・有効径：ふるい分析の結果，ふるいを通過するろ材質量が全ろ材質量の10％の目開きに相当する粒子径（$d_{10}$）

・均等係数：ふるいを通過するろ材質量が全ろ材質量の60％の目開きに相当する粒子径と有効径の比（$d_{60}/d_{10}$）

〔4〕 **ろ過に伴うろ過抵抗の上昇**　ろ過を継続すると，ろ層において懸濁物質が捕捉されるとともに，ろ層の閉塞が生じ，ろ過に伴って水が通過するときの抵抗が上昇する。

**図5.17**の左図は，重力式のろ過層においてろ過に伴うろ過抵抗の様子を示したものである。ろ層の入口側と出口側に直結して水面が存在する場合，出口側の水位のほうが低くなるが，出入口の水面の位置の差によって水はろ層を流れることができる。いま，ろ層の各高さに細いパイプをつなげ，末端を上向きにすると，管内で水が上昇する高さがろ層出口側に行くほど低くなる。このパイプ中の水面の高さと，ある基準面との距離をピエゾ水頭（圧力エネルギーと位置エネルギーを水面の高さで表現したもの）と呼ぶ。

ろ層中の①，②，③の位置におけるピエゾ水頭 $h_1$，$h_2$，$h_3$ の情報に基づき，基準面をろ層下端とし，ろ層中の各高さにおけるピエゾ水頭とろ層中の流下距離との関係を示すことができる（図右側）。ろ過初期においては，懸濁質がろ層内に捕捉されていないので，ろ層中を水が流れる際の抵抗が層内で均一であ

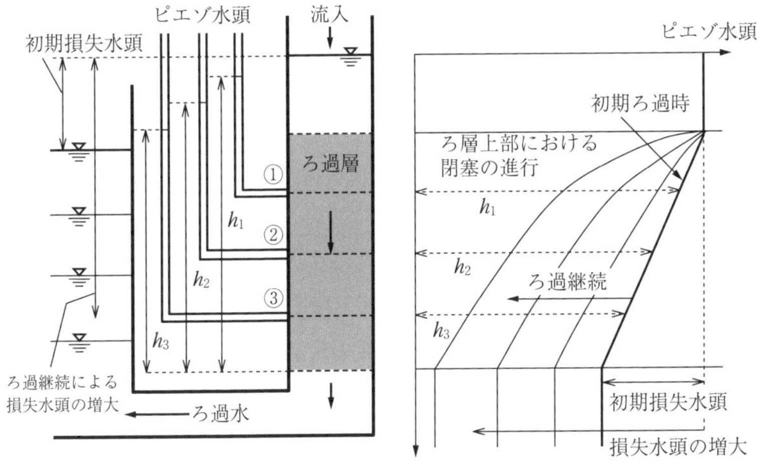


**図 5.17**　ろ層におけるろ過抵抗の上昇

り，圧力水頭は流下距離に対して直線的に低下する。ろ層下部において減少したピエゾ水頭を損失水頭と呼び，ろ層出入口の水位差に等しくなる。

ろ過を継続するに従って，おもにろ層上部において懸濁質が捕捉され，上部におけるろ過抵抗が上昇する。したがって，圧力水頭は図右側に示すようにろ層上部において大きく低下するようになる。これに伴い，同じ水量のろ過を継続するためには，より多くの圧力差が要求されるようになり，出口側水面は低下する（演習問題〔5.3〕も参照）。

### 5.2.4 塩 素 処 理

〔1〕 **塩素処理の概要**　塩素はその強い酸化力によって，消毒の用途だけでなく，有機物やアンモニアの酸化除去，鉄やマンガンなどの酸化など，水処理プロセスの広い分野において**塩素処理**（chlorination）に用いられている。次亜塩素酸ナトリウムが取扱いの容易さから最も広く用いられており，液体塩素，次亜塩素酸カルシウム（さらし粉）がこれに続く。

塩素は水中でオキソ酸の形態で存在することが多い。塩素のオキソ酸をまとめて**表 5.3** に示す。オキソ酸は通常最も安定な酸を基準として，中心原子の酸

表 5.3　塩素のオキソ酸

| 名　称 | 次亜塩素酸 | 亜塩素酸 | 塩素酸 | 過塩素酸 |
|---|---|---|---|---|
| 化学式 | HClO | $HClO_2$ | $HClO_3$ | $HClO_4$ |
| Cl の酸化数 | +1 | +3 | +5 | +7 |
| 構造式 | H—O—Cl | 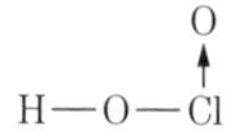 | 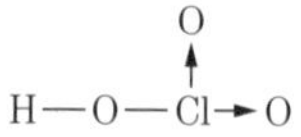 | 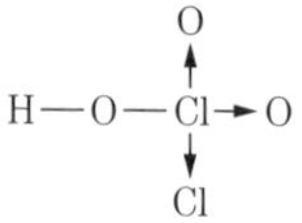 |

化数が大きいものに「過」，小さいものに，「亜」，「次亜」とつける。

**〔2〕 水中における塩素の形態と濃度の定義**　塩素ガスを水に溶解すると，下記の反応が起こる。

$$Cl_2 + H_2O \rightarrow HClO + Cl^- + H^+ \tag{5.11}$$

$$HClO \rightarrow OCl^- + H^+ \tag{5.12}$$

次亜塩素酸（HClO）と次亜塩素酸イオン（$OCl^-$）は $Cl_2$ とともに遊離残留塩素と呼ばれ，強い殺菌力を有しているが，殺菌力は次亜塩素酸のほうが次亜塩素酸イオンの 80 倍ほど高くなるため，酸性域で殺菌力が強くなる。

**図 5.18** は遊離残留塩素の存在比の pH 依存性を示す。pH が高くなると，次亜塩素酸イオンの存在割合が増えて酸化力が小さくなるが，酸性側では酸化力は強くなる。また，水中にアンモニアが存在すると，つぎの反応によりクロラミンが生成する。

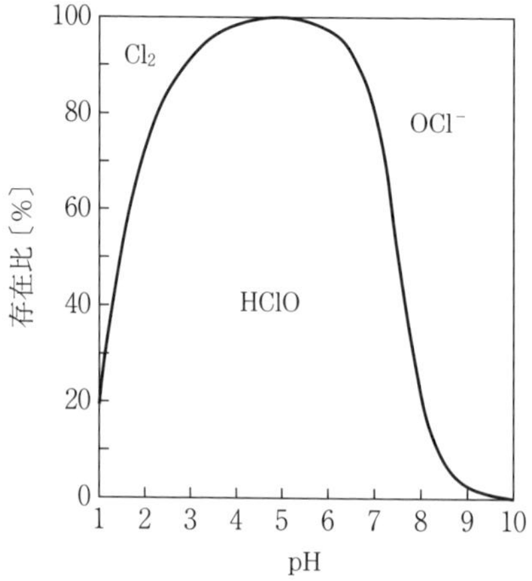


**図 5.18**　遊離残留塩素の存在比

$$NH_3 + HClO \rightarrow NH_2Cl\text{（モノクロラミン）} + H_2O \qquad (5.13)$$

$$NH_2Cl + HClO \rightarrow NHCl_2\text{（ジクロラミン）} + H_2O \qquad (5.14)$$

$$NHCl_2 + HClO \rightarrow NCl_3\text{（トリクロラミン）} + H_2O \qquad (5.15)$$

上の3種のクロラミンは結合型塩素と呼ばれ，その生成比は接触時間やpHなどにより異なる。消毒力はモノ＞ジ＞トリの順に大きいが，最も消毒力の大きいモノクロラミンでも遊離型に比べて一桁ほど小さい。以上のように，塩素は水中でさまざまな形態で存在するが，その濃度はすべて，$Cl_2$に換算した濃度で表示する。例えば，水1Lに塩素（$Cl_2$）10mgを完全に溶解させ，そのすべてがHClOの形態になった場合，水中の（遊離）残留塩素濃度は，10mg/Lとなる。さらに，水中にアンモニアが存在し，そのHClOがすべて$NH_2Cl$になったとしても，（結合）残留塩素濃度は10mg/Lのままである。

〔3〕 **液体塩素**　**液体塩素**（liquid chlorine）は塩素ガス（$Cl_2$）を液化させたもので，これを徐々に気化させながら水に溶解させ，消毒効果を得る。塩素処理のための塩素剤としては古くより用いられてきた。

塩素ガスは毒性が強いために，取扱いが困難であることが問題であるが，不純物を含まず，また次亜塩素酸ナトリウムのように劣化しないことが長所である。

〔4〕 **次亜塩素酸ナトリウム**　**次亜塩素酸ナトリウム**（sodium hypochlorite）は下記のとおり，水酸化ナトリウム水溶液に塩素を通してつくられる淡黄色の液体で，通常，12％程度の有効塩素濃度を有するものを使用する。

$$Cl_2 + NaOH \rightarrow NaClO + Cl^- + H^+ \qquad (5.16)$$

これを水に注入することにより以下の反応を生じ，塩素の場合と同様に殺菌力を得る。

$$NaClO + H_2O \rightarrow HClO + NaOH \qquad (5.17)$$

$$HClO \rightarrow OCl^- + H^+ \qquad (5.18)$$

液体塩素のような危険性はなく，また取扱いも容易であるが，長期間の貯蔵により有効塩素濃度が減少するとともに，水道水質基準で規制されている塩素酸の濃度が増えることが問題点である。

〔5〕 **さらし粉**　次亜塩素酸カルシウム（**さらし粉**（calcium hypochlorite），$CaCl(ClO)\cdot H_2O$）は消石灰に塩素を吸収させてつくられるものである。塩素の有効成分が高く，また貯蔵による塩素の低下も1年間に1～4%と少ないが，注入の際には溶解しなければ作業効率が悪く，おもに非常用および小規模施設で使用されている。

〔6〕 **塩素化イソシアヌル酸**　**塩素化イソシアヌル酸**（chlorinated isocyanuric acid）はイソシアヌル酸という化学的に安定な化合物に塩素を作用させて製造したもので，白色，固体の塩素剤である。浄化槽，プールなどに用いられるイソシアヌル酸の例を**図5.19**に示す。

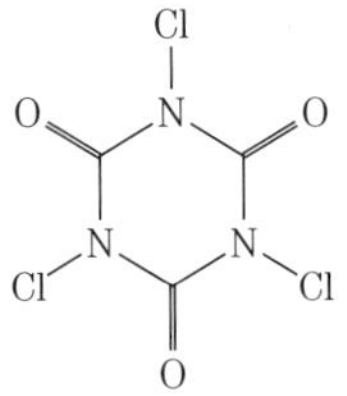

**図5.19**　トリクロロイソシアヌル酸

〔7〕 **クロラミン**　塩素剤とアンモニアを注入して**クロラミン**（chloramine）を生成させ，消毒剤として使用するものである。わが国では実施されている例は少ないが，米国などでは実施例も多い。

消毒力は遊離型に比べて一桁ほど小さいため，消毒効果を完全とするために，先に塩素を加え遊離塩素によって消毒した後に，アンモニアを加えてクロラミンを生成させることも行われる。クロラミンは消毒効果が小さいという短所があるにもかかわらず，トリハロメタン（後述）を生成しないことや，残留効果が高いなどの長所がある。

〔8〕 **不連続点塩素消毒法と結合塩素処理**　**図5.20**に示すように，アンモニア性窒素を含まない水に対して塩素剤を注入すると，初期に有機物などによる消費の後，残留塩素濃度は直線的に増加する。しかし，アンモニア性窒素を含む水に塩素剤を注入する場合，塩素は式(5.13)～(5.15)に示した反応によりまずクロラミンを生成し，塩素注入率を上げるに従って結合型の残留塩素

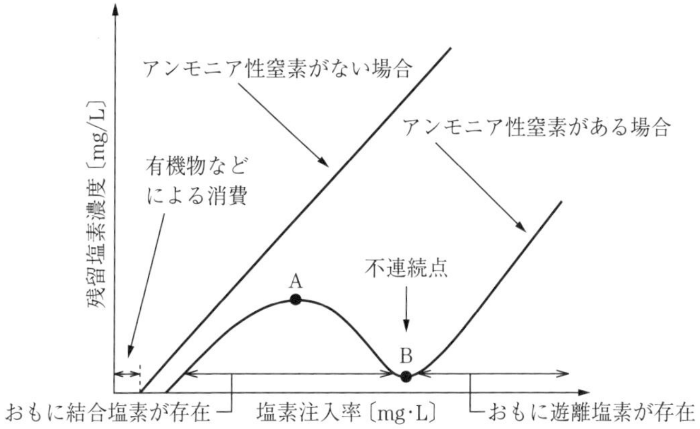


**図5.20**　塩素注入率と残留塩素濃度との関係

が増える。しかし，塩素注入率がある量（点A）以上に達すると，クロラミンが以下の反応などによって，消費されるようになるため，残留塩素は逆に減少し始める。

$$NH_2Cl \quad + \quad NHCl_2 \quad \rightarrow \quad N_2 \quad + \quad 3HCl \qquad (5.19)$$

しかし，さらにある点（点B）を越えるとクロラミンが消費しつくされ，遊離塩素が再び増えるようになる。この点Bを**不連続点**（break point）といい，この点を越えるように塩素を注入して遊離残留塩素を生じさせて消毒する方法を**不連続点塩素消毒法**（break point chlorination）という。それに対し，不連続点を越えさせずに結合残留塩素によって消毒する方法を**結合塩素処理**（combined chlorination）という。

わが国では，末端の給水栓における残留塩素を遊離塩素で0.1 mg/L以上，結合塩素としては0.4 mg/L以上でなければならないとしている。

### 例題 5.3

一日当りの浄水量が10000 $m^3$/日の浄水場において，浄水場出口での遊離残留塩素濃度を0.5 mg/Lとしたい。この浄水場で必要となる次亜塩素酸ナトリウム水溶液（有効塩素濃度12%，比重1.2）は，一日当り何Lとなるか。ただし，塩素注入の際に有機物やアンモニアによる塩素を消費する反応は無視できるものとする。

**解答**

一日当り注入が必要となる遊離塩素は，(0.5 mg/L)×(10000 $m^3$/日)=5 kg/日である。よって，必要となる次亜塩素酸ナトリウム水溶液は，(5 kg/日)/0.12/(1.2 kg/L)=35 L/日である。

### 5.2.5 オゾン処理

〔1〕 **オゾンの性質**　　オゾン（$O_3$）は塩素よりも強い酸化力を持ち，また，オゾン発生器と電力があればオゾンを発生できるので，有機物の分解処理，脱色，消毒など多くの目的で**オゾン処理**（ozonation）は利用される（演習問題〔5.5〕参照）。

オゾンは，**図 5.21**(a)に示すように，酸素分子（$O_2$）の非共有電子対によって別の酸素原子と配位結合したものと考えられる。しかし，中心に位置する酸素分子のもう一つの非共有電子対の存在によって，図(b)に示すようにオゾン分子は折れ線形となる。実際のオゾン分子は，図に示すように二つの構造の状態を重ね合わせた共鳴状態にあると考えられており，オゾン分子内の結合は 1.5 重結合的なものとなっている。

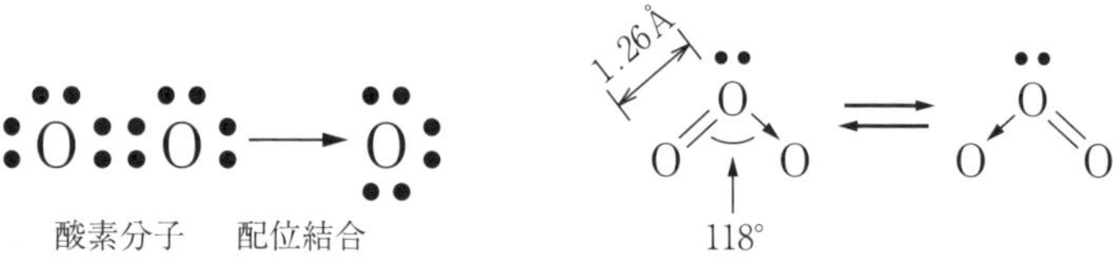


(a) オゾン分子の配位結合　　(b) オゾン分子の共鳴状態

**図 5.21**　オゾン分子の結合と構造

〔2〕 **オゾンの発生方法**　　オゾンを発生させるには，無声放電式のオゾン発生器が広く用いられている（火花放電に比べて放電音が小さいためこのように呼ばれる）。**図 5.22** に示すように，電極の一方（または両方）をガラスやセラミックなどの誘導体で被覆して，1 ～ 2 mm の距離で設置し，10 ～ 20 kV,

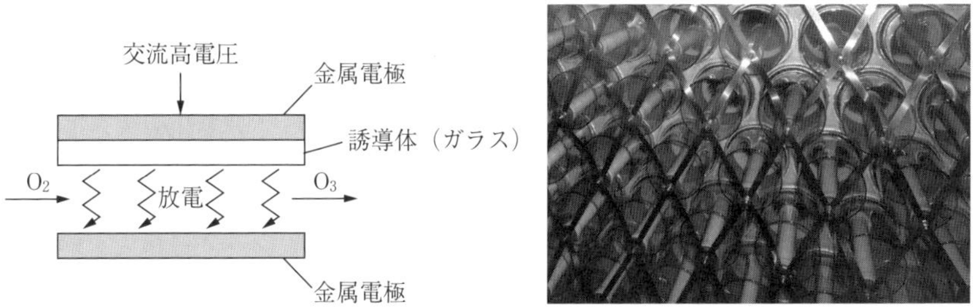


**図 5.22**　無声放電式オゾン発生器の原理と実際のオゾン発生器

50 ～ 2000 Hz 程度の交流を印加して放電させ，電子衝突によってオゾンを発生させる。原料としては，乾燥した空気あるいは酸素が用いられる。

〔3〕 **オゾンの水への溶解**　オゾン分子は折れ線構造となっており，極性分子であるので酸素に比べるとはるかに水に溶解しやすい。pH および水温と飽和溶存オゾン濃度との関係を**図 5.23** に示すが，酸素に比べると 10 倍以上溶解度が高く，また pH が高くなると溶解度が下がる傾向にある。

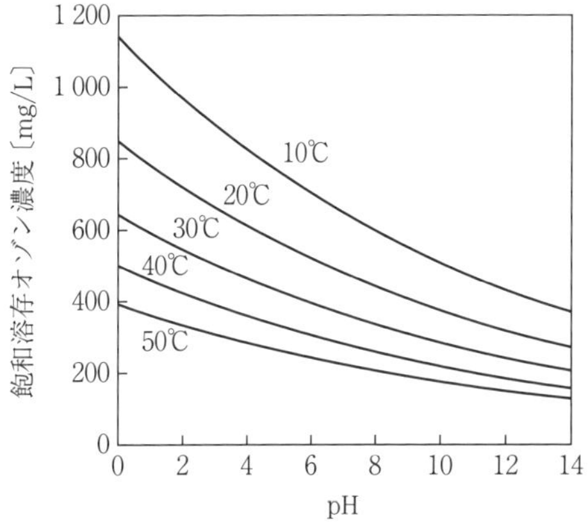


**図 5.23**　オゾン分圧 1 気圧のときの飽和溶存オゾン濃度と pH，水温との関係

## 5.2.6　活 性 炭 吸 着

〔1〕 **活性炭の種類と性質**　活性炭は，その原料によって，木質系と石炭系に分けられるが，これらの原料を炭化および賦活化することによって，表面

に 100 nm ～ 10 μm 程度のマクロ孔と 0.1 ～ 10 nm 程度のミクロ孔を立体的に迷走・配置する構造が発達し，700 ～ 1400 $m^2/g$ 程度の大きな比表面積を持つ。おもに疎水性の強い有機物を疎水性相互作用によって吸着除去することができ，一般には，疎水性が強く分子量の大きい物質ほど吸着されやすい。

石炭系の瀝青《れきせい》炭から製造した活性炭には，ミクロ孔からマクロ孔まで幅広く備わっているので，分子量の大きい有機物も吸着するが，木質系のヤシ殻炭は，比表面積は大きいもののマクロな細孔が少なく，このため低分子の有機物の吸着に適している。また弱電解質の有機物は，イオン化しているときよりも，非解離の分子状態のときのほうが一般に吸着量は多い。

活性炭はその径によって，粉末活性炭（150 μm 程度以下）と粒状活性炭（150 μm 程度～数 mm 程度）に区分される。粉末炭は水中に混合して，吸着後に処理水と分離するが，通常は使い捨てとなる。一方，粒状炭はカラムなどに充てんし，原水を通過させることによって処理するが，長期間使用し，かつ使用済みの活性炭を再生処理して再利用することができる。

〔2〕 **活性炭の再生**　再生には，乾式加熱法，薬品再生法，生物的再生法などがある。

乾式加熱法は，① 脱水，② 乾燥（100 ～ 150℃：水分蒸発と低沸点有機物の揮散），③ 炭化（300 ～ 700℃：揮発性物質の揮散と吸着物質の炭化），④ 賦活（700 ～ 1000℃：水蒸気，二酸化炭素による活性化）および ⑤ 冷却という工程で行われる。ほとんどすべての有機物に利用可能であり，再生回復率が高い，要する時間が短いなどの長所があるものの，活性炭の損失が比較的大きいといった欠点がある。

薬品再生法は，酸，アルカリ，有機溶剤などを用いて吸着した物質を溶離する方法と，酸化剤によって分解する方法に分けられる。

生物的再生法は，微生物によって吸着物質を処理する方法で，浄水処理における生物活性炭として利用されている。活性炭には微生物の生息に適した孔が多く存在し，かつ基質となる有機物が高濃度に濃縮されているため，増殖に適した場所となっている。生物活性炭では，吸着された有機物を吸着場所に存在する微生物が連続的に酸化分解することによって，長期間にわたって吸着性能を維持するものである。

〔3〕 **吸着等温式**　一定温度において，活性炭と処理水とを接触させて平衡状態に達したときの吸着物質の濃度と吸着量との関係を表すのが吸着等温線であり，吸着量を推定するうえで重要で，以下のフロイントリッヒ式で表される。

$$q = kC^{1/n} \tag{5.20}$$

ここに，$q$：活性炭単位質量当りの吸着量〔g/g〕，$k$，$n$：定数，$C$：活性炭吸着後の溶液中濃度〔mg/L〕である。式(5.20)より，$C$と$q$の関係を両対数で示せば，$k$値と$n$値が得られることになる。

### 5.2.7 膜　ろ　過

〔1〕 **膜 の 種 類**　膜処理は，除去対象物質と溶媒の膜の通過速度の違いによって，対象物質を物理的に分離・除去する方法である。膜は，その除去対象物質の大きさの違いによって分類されるが，その概要および定義を示したものが**表 5.4**である。

**MF 膜**（microfiltration，**精密ろ過膜**）は微粒子や細菌をおもな除去対象物質とした膜であり，**UF 膜**（ultrafiltration，**限外ろ過膜**）はそれに加えて，ウイルスや高分子有機物も除去対象とした膜である。両者の境界は一般には明確ではないが，JIS では，0.05 μm を境界としている。

**NF 膜**（nanofiltration，**ナノろ過膜**），**RO 膜**（reverse osmosis，**逆浸透膜**）は低分子の有機物やイオンなども除去対象とした膜で，NF 膜はルーズ RO 膜などとも呼ばれるなど，基本的には同じ材質である。NF 膜は水中の硬度成分，低分子量物質を除去対象とし，NaCl などの低分子物質は除去対象としない。RO 膜は，NaCl などのイオンの除去も対象としており，特に海水淡水化 RO 膜は，海水の浸透圧（2.5 MPa）以上の操作圧力で運転することを考慮して耐圧性を高めているものである。

分画分子量や孔径は，通常，分子量や粒径のわかっている複数の分子や粒子を用いて，分子量～阻止率，または，粒径～阻止率の関係のグラフを描き，阻

**表 5.4**　膜の定義（文献3）を改変）

<table>
<tr><th></th><th>孔　径</th><th>分画<br>分子量</th><th>NaCl<br>阻止率</th><th>おもな<br>除去対<br>象物質</th><th>使用圧力<br>〔MPa〕</th><th>材　質</th></tr>
<tr><td>MF 膜</td><td>0.05～<br>1 μm<br>程度</td><td>—</td><td>—</td><td>SS<br>細菌</td><td>～0.3 程度</td><td rowspan="2">ポリエチレン<br>ポリプロピレン<br>酢酸セルロース<br>PVDF<br>ポリスルホン<br>ポリエーテルスルホン<br>PTFE<br>セラミック（アルミナ）</td></tr>
<tr><td>UF 膜</td><td>～<br>0.05 μm</td><td>1000～<br>30 万程度</td><td>—</td><td>SS<br>細菌<br>高分子</td><td>0.3 程度～</td></tr>
<tr><td>NF 膜</td><td>—</td><td>200～<br>1000 程度</td><td>5～93%</td><td>イオン<br>有機物</td><td>0.3～1.5</td><td rowspan="3">架橋ポリアミド<br>酢酸セルロース</td></tr>
<tr><td>RO 膜</td><td>—</td><td>—</td><td>93%以上</td><td>イオン<br>有機物</td><td>0.5～3</td></tr>
<tr><td>海水<br>淡水化<br>RO 膜</td><td>—</td><td>—</td><td>99%以上</td><td>イオン</td><td>5～10</td></tr>
</table>

止率が 90%となるところの粒径や分子量をもって決定することが多い。

〔2〕 **膜分離の原理**　膜の分離機構は

① 細孔によるふるい分け

② 溶解-拡散

③ 吸着-拡散

の三つが考えられる。

① は，膜の細孔の大きさよりも大きい粒子や分子は膜を通過できずに阻止するという物理的なふるい分けの機構であり，MF 膜や UF 膜の分離はこれにより説明される。

② と③ は，膜と溶質，溶媒との相互作用によって分離する機構である。ゴムやプラスチックでは，ガラス転移点と融点の間では，分子鎖が活発に熱運動をしており，分子鎖の間隙には生成消滅を繰り返す空孔が形成されるが，このようなゴム状態では，膜素材に親和性を持つ分子は空孔に溶け込み，圧力差によって拡散通過することができるが，水中のイオンなどは膜の中に溶け込めず，膜で分離されることになる。これが ② の溶解-拡散機構である。高分子

は，ガラス転移点以下の温度では，分子は強く固定されたガラス状となり，内部の分子鎖間に細孔や空隙が多数存在する。膜素材に親和性の強い水分子は，細孔内表面や間隙表面に吸着しながら圧力差によって拡散移動し，膜を通過できるが，親和性のないイオンなどは吸着されずに分離されるという機構が，③の吸着-拡散機構である。RO 膜でのイオンや分子の分離機構は，上記の ②，③ の両現象が関与していると考えられる。

NF 膜は，RO 膜に近い膜と分類されるが，細孔によるふるい分けの効果も寄与しており，通常の RO 膜よりも荷電の影響が強く現れる。膜素材の等電点（膜の荷電が中立になるときの pH）よりも pH が高いと膜がマイナスにチャージされ，陰イオンの阻止率が高くなり，逆に等電点よりも pH が低いと，陽イオンの阻止率が高くなる。

〔3〕　**膜素材の種類**　　膜は素材により，有機膜と無機膜に分けられる。無機膜はアルミナ系などがあるが，有機膜はその原料となる樹脂に多くの種類がある。MF 膜および UF 膜によく用いられる樹脂の構造を**図 5.24** に示す。

これらの素材はいずれも塩素への耐性は十分に持っているが，PVDF はオゾンへの耐性があり機械的強度も大きいこと，三酢酸セルロースは親水性が高

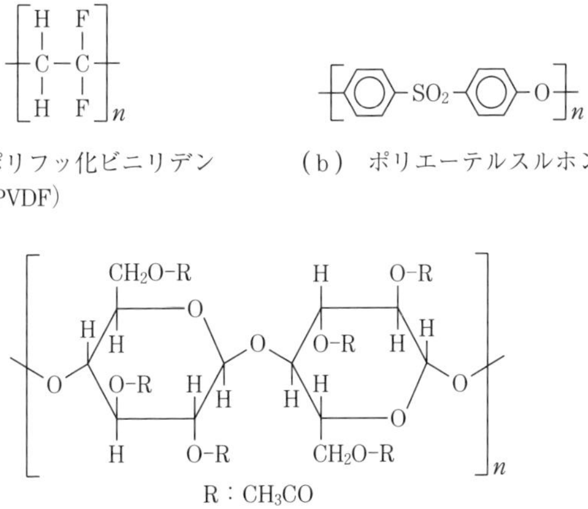


（a）ポリフッ化ビニリデン（PVDF）　（b）ポリエーテルスルホン

（c）三酢酸セルロース

**図 5.24**　MF 膜および UF 膜によく使用される樹脂の構造

く，水の透過性が高いことなどが特徴となっている（演習問題〔5.6〕参照）。

〔4〕 **MF および UF 膜のろ過機構**　膜の単位断面積，単位時間当りに通過する水の流量を，膜透過流束という。膜透過流束は以下の式で表される。

$$J=\frac{\Delta P}{\mu R} \tag{5.21}$$

ここに，$J$：膜透過流束〔m/s〕，$\Delta P$：膜間差圧〔Pa〕，$\mu$：透過水の粘性係数〔Pa·s〕，$R$：膜ろ過抵抗〔$m^{-1}$〕である。

水の粘性係数は温度の低下とともに大きくなるので，透過性は悪化する。ろ過抵抗は膜の透過性そのものを表すものであり，使用に伴う透過性能の悪化はろ過抵抗の上昇で表現することができる。すなわち，ろ過抵抗 $R$ を以下のように表現する。

$$R=R_m+R_i+R_c \tag{5.22}$$

ここに，$R_m$：膜自体のろ過抵抗〔$m^{-1}$〕，$R_i$：膜細孔内の目詰まりによるろ過抵抗〔$m^{-1}$〕，$R_c$：膜表面に堆積するケーキ層によるろ過抵抗〔$m^{-1}$〕である。

$R_i$ は，膜細孔に浸入した無機物や有機物などによって，膜内の流路が狭くなることに伴い増加するろ過抵抗，$R_c$ は膜の表面に堆積するケーキ層やゲル層に伴い増加するろ過抵抗である。$R_c$ は膜表面の物理洗浄などによりケーキ層やゲル層を除去することによって消滅するので，可逆的ファウリングと呼び，$R_i$ は，これらの物理洗浄では取り除くことが困難なので，不可逆的ファウリングとも呼ぶ。運転に伴う膜透過流束の減少は，$R_i$ あるいは $R_c$ の増大として表現することができる。

〔5〕 **運転方法**　膜の運転方法は，大きく分けて全量ろ過とクロスフローろ過に分けられる（**図 5.25**）。全量ろ過は，膜表面における流れを起こさず，膜に垂直な流れの吸引のみで除去対象物質をろ過するものである。除去対象物質は膜表面につぎつぎと堆積していくので，ろ過を継続するには，いったんろ過を停止して，洗浄工程を組み入れる必要がある。一方クロスフローろ過は，膜に平行な流れを起こしながら対称物質をろ過するものであり，膜表面はつねに流れによって洗浄されている状態であるので，表面に除去対象物質が堆

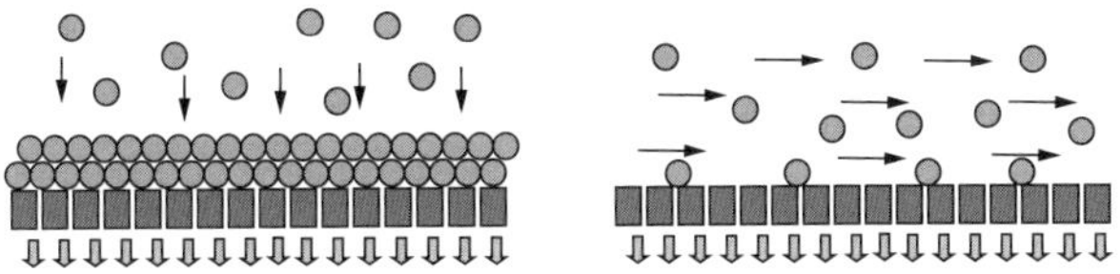

（a）　全量ろ過　　　（b）　クロスフローろ過

**図 5.25**　全量ろ過とクロスフローろ過

積しにくく，長時間洗浄することなく運転を継続することができる。クロスフローろ過のほうが，ろ過効率は良好であるものの，流れを起こすためのポンプ動力などが余分に必要となるため，エネルギー消費量は多くなる。

〔6〕 **膜の洗浄**　膜の洗浄方式の分類を**図 5.26** に示す。膜を長期間連続運転すると，**ファウリング**（fouling，膜目詰まり）が発生するため，定期的に膜の洗浄を実施する必要がある。膜洗浄には大きく分けて，物理洗浄と化学洗浄がある。

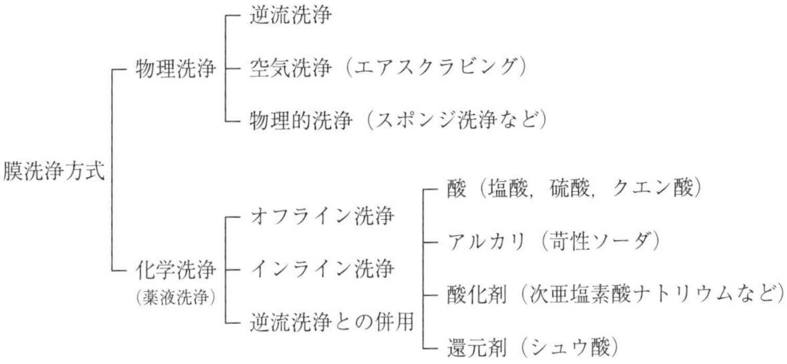


**図 5.26**　膜の洗浄方式

物理洗浄は，膜の透過方向と逆の方向から高圧で水を流す方法，空気洗浄は，膜の外部でばっ気を行い，気泡流の洗浄力で膜表面に付着した固形物などを除去するものである。

化学洗浄は，膜の運転を完全に停止し，膜を配管系統から切り離して，薬液によって洗浄するオフライン洗浄，膜を配管系などから切り離さずに，運転を長期間停止することなく洗浄をするインライン洗浄，逆流洗浄水に薬液を混入させて，逆流洗浄の効果を高める方法などがある。さらに使用する薬品により，おもに金属酸化物などを対象として実施する酸洗浄，還元剤洗浄，おもに有機物を対象とする，アルカリ洗浄，酸化剤洗浄などがある。

〔7〕 **膜モジュール形式**　膜を実際の水処理工程で利用するには，膜のモジュール化を行い，配管でポンプなどにつなげるだけでろ過ができるようにする必要がある。

**膜モジュール**（membrane module）の分類を簡単に表したものが**図 5.27** である。モジュールは全体として，反応槽などに直接浸漬する「浸漬型」と，筒状のケーシング内に入れて利用する「ケーシング型」に分類できる。

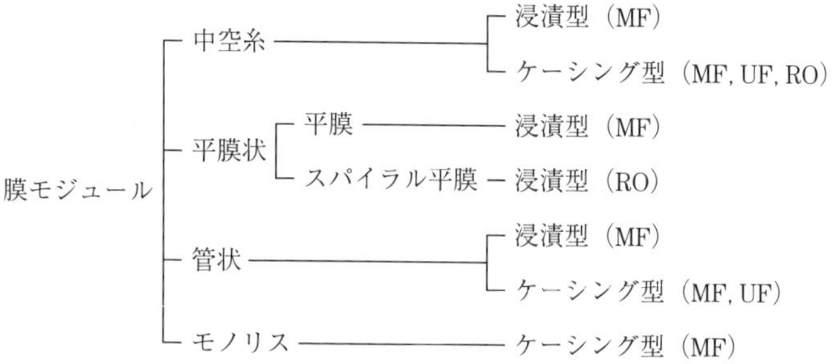


**図 5.27**　膜モジュールの分類

**中空糸膜**（hollow fiber membrane，有機膜）は直径 1 mm 程度以下の中空の糸状となっているもので，**図 5.28**(a)のように，外部から内部へ微粒子などを含む水を移動させて，膜構造となっている糸の外側で微粒子などを排除し，ろ過水を中空糸膜の内部から吸引する外圧式と，水の流れが内側から外側で微粒子などを中空糸膜の内部で除去する内圧式の 2 種類がある。排水処理や浄水処理では外圧式の例が多い。図(b)のように中空糸膜は多数の糸を束ねてモジュール化することにより，単位体積当りの処理水量が多くすることが可能となる。中空糸膜は単位体積当りの膜面積を多く確保できるので，浸漬型あるいはケーシング型両方に用いられる。中空糸は支持材（スペーサー）がなくても膜素材のみで構造を維持することが可能であるが，後述の平膜形状のものは，必ず不織布のような支持材が必要となり，その上に膜構造を貼りつける形とな

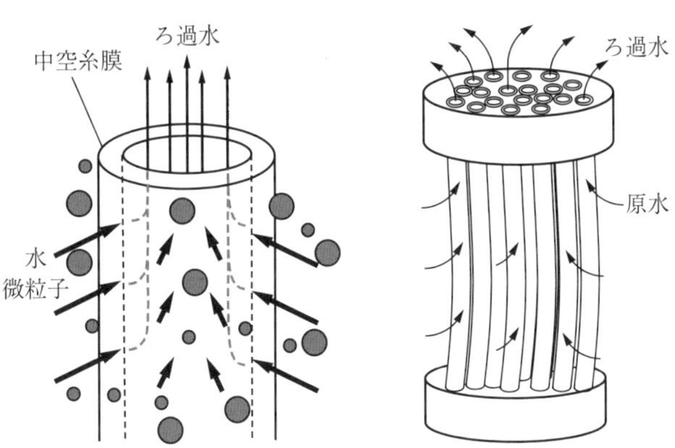


（a） 外圧式　　（b） モジュール形状

**図 5.28** 中空糸膜によるろ過メカニズム（外圧式）と
モジュール形状（一例）

る。

**平膜モジュール**（flat sheet module）には，プレートのような形でおもに浸漬型の MF 膜用に用いられる平膜モジュール（**図 5.29**）と，平膜の集積面積を大きくするため，原水が通る流路にスペーサーを挟みながらのり巻きのように円筒状に巻いた，おもに RO 膜用に用いられるスパイラル型（**図 5.30**）に分けられる。

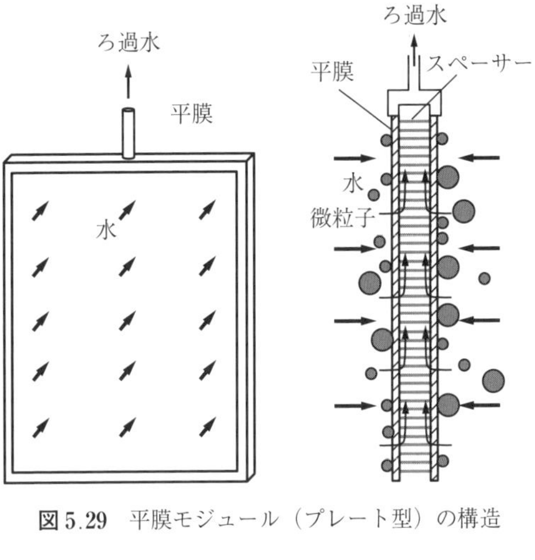


**図 5.29** 平膜モジュール（プレート型）の構造

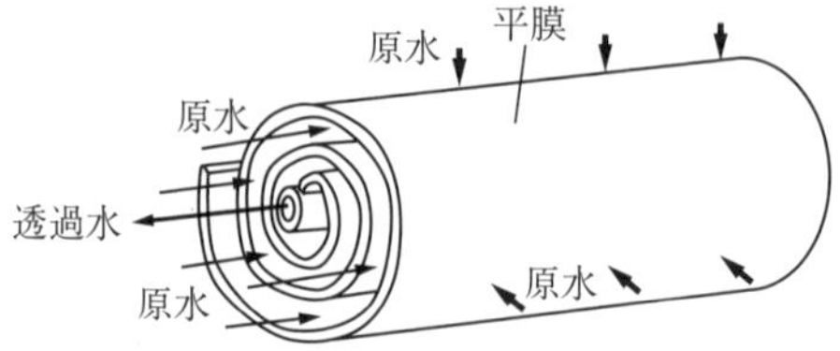


**図 5.30**　スパイラル型モジュールの構造

平膜モジュール（プレート型）は有機膜，無機膜両方の素材のものがある。有機膜のものは，膜構造が柔らかいために，プレートのような枠体とスペーサーが必要となる。単位体積当りの膜面積は中空糸膜に比べると小さいものの，膜間の空間を十分に確保できるため，膜表面での物理洗浄の効率は高くなる。

**管状膜**（tubular module）は，中空糸より内径が大きい（数 cm 以上）の管状のもので，中空糸膜と同様の特徴がある。

**モノリス型**（monolith membrane，レンコン型）モジュールは無機膜を用いたもので，セラミックの円筒の内部に多数の円筒型流路を設け，この流路に入った原水が流路の内部の膜構造を外側に向けて通過し，円筒の外から浸み出るようにして透過液が出てくる構造となっている。おもに浄水用膜モジュールとして広く普及している（**図 5.31**）。

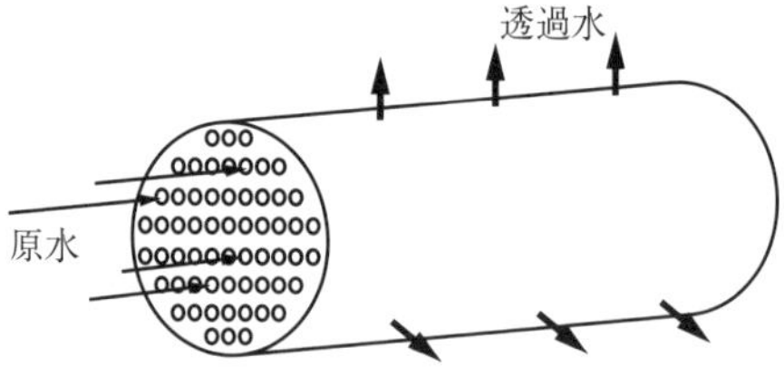


**図 5.31**　モノリス型モジュール（無機膜）の構造

## 例題 5.4

**図 5.32** に示すような膜分離装置（膜の全表面積 $A = 10$〔$m^2$〕）によって膜ろ過を行う。原水として水温 10℃の純水を用いて装置を動かしたところ，透過水の流量 $Q = 350$〔L/h〕，圧力計 1，圧力計 2，圧力計 3 の値 $P_1$，$P_2$，$P_3$ はそれぞれ，8.4 kPa，5.2 kPa，7.2 kPa となった。続いて，水温 25℃の懸濁液

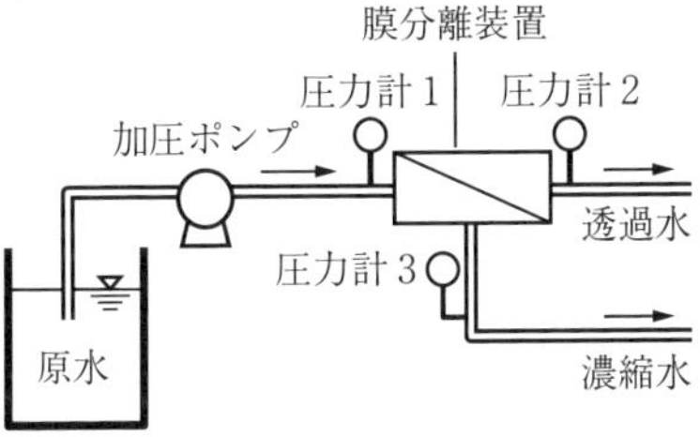


図 5.32

を原水として装置を継続して動かしたところ，ある時点で $Q=300$〔L/h〕，$P_1$，$P_2$，$P_3$ はそれぞれ，24.4 kPa，5.3 kPa，23.2 kPa となった。このときの膜細孔内および膜表面に蓄積した懸濁成分に起因する膜ろ過抵抗 $R$ はいくらになるか。ただし，水温 10℃および 25℃の水の粘性係数はそれぞれ，$\mu_{10}=1.31$〔mPa·s〕，$\mu_{25}=0.890$〔mPa·s〕とする。

**解答**

膜そのもののろ過抵抗 $R_{\mathrm{memb}}$ は，純水を用いてろ過したときのろ過抵抗となる。そのときの膜間差圧 $\Delta P=P_1-P_2=(8.4\ \mathrm{kPa})-(5.2\ \mathrm{kPa})=3.2$〔kPa〕，膜透過フラックス $J=Q/A=(350\ \mathrm{L/h})/(10\ \mathrm{m}^2)=35$〔$\mathrm{L/(m^2 \cdot h)}$〕だから

$$R_{\mathrm{memb}}=(3.2\ \mathrm{kPa})/((35\ \mathrm{L/(m^2 \cdot h)})\times(1.31\ \mathrm{mPa \cdot s}))=2.5\times10^{11}\ [\mathrm{m}^{-1}]$$

となる。

一方，懸濁液をろ過したときのろ過抵抗 $R_{\mathrm{T}}$ は同様に計算すると，$R_{\mathrm{T}}=2.29\times10^{12}$〔$\mathrm{m}^{-1}$〕となる。$R_{\mathrm{T}}=R+R_{\mathrm{memb}}$ だから，$R=2.04\times10^{12}$〔$\mathrm{m}^{-1}$〕となる。

■

### 5.2.8 脱　水

〔1〕 **脱水の必要性**　多くの水処理プロセスでは，除去した物質が濃縮された汚泥が発生するので，その処理，処分が必ず必要である。例えば，沈降分離によって濃縮された汚泥は 2％程度のものが多く，流動性が高いため，そのままでは輸送，処理処分は困難である。汚泥の**脱水**（dewatering）は，その体積を減少させ，処分を容易にすると同時に，後段に乾燥，濃縮などの工程がある場合は，その効率を高めることができる（演習問題〔5.7〕参照）。

〔2〕 **脱水ろ過の基礎**　汚泥の脱水の際には汚泥ケーキの脱水のしやすさ

の指標である比抵抗 $\alpha$ を知ることが重要であり，$\alpha$ が大きい汚泥に対しては，ろ過助剤や凝集剤を添加するなどして，$\alpha$ の値を低下させる必要がある。$\alpha$ の測定のための試験方法の一つにヌッチェ試験（**図 5.33**）がある。汚泥をろ布上にとって真空ろ過し，ろ過時間とろ液量との関係を調べることにより，比抵抗 $\alpha$ を測定する。

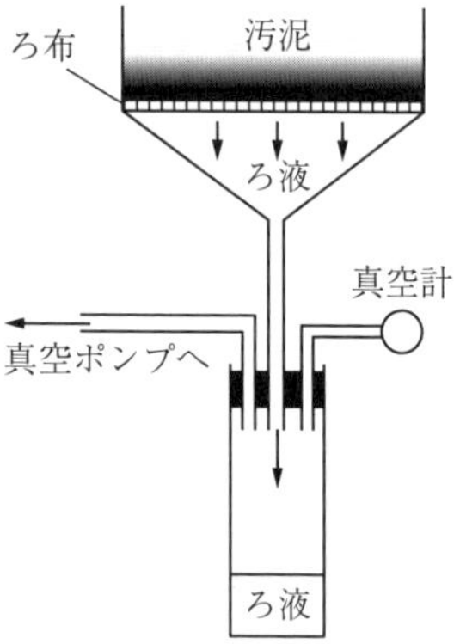


**図 5.33**　ヌッチェ試験

一般に脱水ろ過の基礎式としては，**ルースのろ過方程式**（Ruth's equation of filtration）が用いられる。

$$\frac{\theta}{V}=\frac{V}{K}+\frac{2C}{K} \tag{5.23}$$

ここに，$\theta$：ろ過時間〔s〕，$V$：ろ過量〔$m^3$〕，$K$：ルースのろ過定数〔$m^6/s$〕，$C$：ルースのろ過定数〔$m^3$〕である。また，$K$，$C$ は以下の式で与えられる。

$$K=\frac{2pA^2k}{\alpha\mu} \tag{5.24}$$

$$C=\frac{AkK_m}{\alpha} \tag{5.25}$$

ここに，$\alpha$：ケーキ比抵抗〔m/kg〕，$p$：ろ過圧力〔Pa〕，$A$：ろ過面積〔$m^2$〕，$k$：乾ケーキ単位質量当りのろ過量（$=(1-ms)\rho s$）〔$m^3/kg$〕，$m$：乾ケーキに対する湿ケーキの質量比，$s$：汚泥に対する湿ケーキの質量比，$\rho$：ろ液の密度〔$kg/m^3$〕，$\mu$：ろ液の粘性係数〔$kg/(m\cdot s)$〕，$K_m$：ろ材のろ過抵抗〔$m^{-1}$〕である。

ヌッチェ試験によって，$\theta/V$ と $V$ をプロットすれば，線の勾配および縦軸との交点から，$K$，$C$ が得られるので，ケーキ比抵抗 $\alpha$，ろ材のろ過抵抗 $K_m$ を求めることができる。圧縮性ケーキでは，$\alpha$ はろ過圧力の関数となる。

$$\alpha = \alpha' p^n \tag{5.26}$$

ここで，$n$ はケーキの圧縮係数であり，比圧縮性のケーキでは $n=0$ となる。

〔3〕 **汚泥の前処理**　水処理プロセス，とりわけ生物学的排水処理プロセスから発生する汚泥は，そのままでは比抵抗が大きく，何らかの方法で，これを下げる必要がある。

最も多く利用されるのは，凝集剤を添加して汚泥粒子を粗大化させる方法である。凝集剤としては，塩化鉄（Ⅲ），消石灰（水酸化カルシウム）などの無機凝集剤と，有機高分子系凝集剤があるが，下水汚泥には高分子凝集剤を利用することが多い。

〔4〕 **沈降による脱水**（**遠心脱水**）　汚泥も粒子の集合であるので，粒子の沈降速度を高めれば濃縮・脱水が可能となる。**図5.34**(a)は水平式デカンターによる**遠心脱水**（centrifugal dewatering）のメカニズムの概略を図示したものである。汚泥を入れた容器を高速度で回転させれば，遠心力によって粒子の沈降速度が大きくなり，重力のみでは不可能である汚泥の脱水が可能となる。

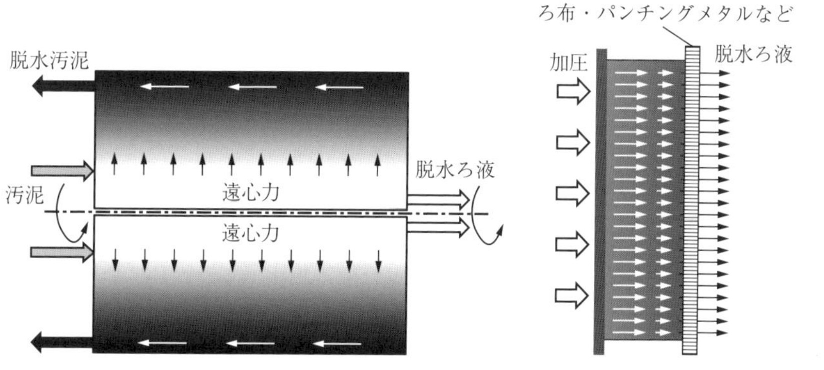


（a）遠心脱水　　（b）圧搾脱水

**図5.34**　脱水のメカニズムの概略図

〔5〕 **圧搾による脱水**　汚泥に直接圧力をかけて**圧搾**（squeezing）し，ろ液を搾り出しながら汚泥の脱水を行う方法は圧搾脱水と分類される。そのメカニズムを図示したものが図5.34(b)である。ろ液と汚泥を分離するものとして，ろ布を用いるものにフィルタープレスやベルトプレスが，径2～3mm程度の細孔を持つステンレス製の板（円筒）を用いるものとしてスクリュープレスがある。

〔6〕 **上下水道システムにおいて用いられている脱水システム**　**表5.5**は，実際の上下水道システムで用いられているおもな脱水システムである。天日乾燥は水道システムで用いられており，機械的な脱水システムとしては，おもに表の4種類がよく用いられている。これらの脱水システムの詳細は，浄水処理および下水処理の各論で説明する。

**表5.5**　上下水道システムにおいて用いられている おもな脱水システム

| 大分類 | 機　構 | 脱水システム | 浄水汚泥 | 下水汚泥 |
|---|---|---|---|---|
| 天日乾燥 | 乾燥 | 天日乾燥床 | ○ | — |
| 機械式脱水 | 沈降 | 遠心分離 | △ | ○ |
| | 圧搾 | ベルトプレス | — | ○ |
| | | フィルタープレス | ○ | — |
| | | スクリュープレス | — | ○ |

## 5.3　生物反応装置の基礎

### 5.3.1　微生物反応装置の設計

微生物を利用して水処理システムを構築するには，微生物反応装置を適切に設計し，運転する必要がある。システムは微生物の形態により，水中に浮遊した状態で存在する浮遊微生物法と壁面に付着した状態で存在する付着微生物法に区分される。

### 5.3.2 浮遊微生物法の基礎

〔1〕 **完全混合反応槽の動力学**　リアクターの容積を $V$，リアクターに流入する原水の流量を $Q$ とする。リアクター内の容積が一定となるように制御され，さらにリアクター内は強く混合されて基質および菌体濃度は均一になっているとすると，流量 $Q$ でリアクター内の水が流出することになる。このような反応槽を **CSTR**（continuously stirred tank reactor，**完全混合反応槽**）と呼ぶ（**図 5.35**）。

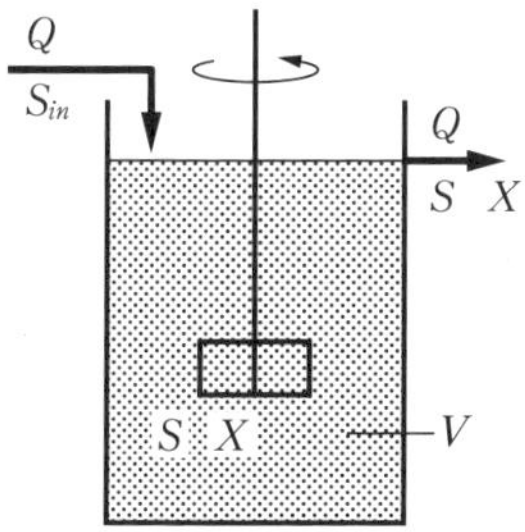


**図 5.35**　完全混合反応槽の動力学

流入水中の基質の濃度を $S_{in}$〔mg/L〕，リアクター内の基質および菌体濃度を $S$〔mg/L〕，$X$〔mg/L〕とすると，流出水中の基質および菌体濃度はそれぞれ $S$，$X$ となる。したがって，基質および菌体量に関する収支は以下の式で表現される。

$$\frac{d}{dt}(VS) = QS_{in} - \frac{1}{Y_{X/S}}\mu VX - QS \tag{5.27}$$

$$\frac{d}{dt}(VX) = \mu VX - QX \tag{5.28}$$

ここに，$\mu$：菌体の比増殖速度〔$h^{-1}$〕，$V$：リアクターの容積〔L〕，$Y_{X/S}$：菌体の増殖収率（消費した基質量に対する増殖した菌体の量の比），$Q$：流入流量〔L/h〕である。

ここで，新たに水理学的滞留時間 $\tau$ を以下のように定義する。

$$\tau = \frac{V}{Q} \tag{5.29}$$

水理学的滞留時間は，流入水が平均してどれだけの時間反応槽内に滞留するかを示す指標で，生物反応槽だけでなくあらゆる反応槽の特性を理解するうえできわめて重要な概念である。

また，以下のように，水理学的滞留時間 $\tau$ の逆数を希釈率と定義する。

$$D=\frac{1}{\tau} \tag{5.30}$$

定常状態を仮定すると，これらの式は以下のようになる。

$$Y_{X/S}(S-S_{in})=X_{in}-X \tag{5.31}$$

$$(\mu-D)X=0 \tag{5.32}$$

式 (5.31) は流入と流出の基質および菌体の濃度差が収率で関係づけられることを表し，式 (5.32) は $D=\mu$ 以外の解は $X=0$ であることを示している。つまり，希釈率 $D$ を菌体の比増殖速度と等しいような条件に設定できない場合，つまり，水理学的滞留時間が短すぎる条件となると，菌体の流出速度のほうが増殖速度より大きくなって，反応槽内に菌体を保持できなくなることを示している（ウォッシュアウトという）。

**例題 5.5**

完全混合反応槽（CSTR）によって，流量 $Q=50$〔L/h〕，BOD 濃度 $S_{in}=200$〔mg/L〕の排水を浮遊微生物（活性汚泥）によって処理したい。微生物の比増殖速度 $\mu=0.01$〔$h^{-1}$〕，微生物の BOD に対する菌体収率 $Y_{X/S}=0.5$ とすると，微生物を反応槽内に保持するためには，反応槽容積 $V$ はいくら以上である必要があるか。また，反応槽容積が十分にあり，処理水の BOD 濃度が 50 mg/L であるとき，反応槽内の微生物濃度 $X$ はいくらになるか。

**解答**

反応槽の希釈率 $D$ が微生物の増殖速度 $\mu$ と等しいとウォッシュアウトが生じ，反応槽内に微生物を保持できないので，限界状態となるときの反応槽容積は

$$V=\frac{Q}{\mu}=\frac{50\ \mathrm{L/h}}{0.01\ \mathrm{h^{-1}}}=5000\ 〔\mathrm{L}〕$$

となる。また，処理水 BOD 濃度 $S=50$〔mg/L〕であるとき，槽内微生物濃度 $X$ は

$$X=((200\ \mathrm{mg/L})-(50\ \mathrm{mg/L}))\times 0.5=75\ 〔\mathrm{mg/L}〕$$

となる。なお，CSTR で水処理を行うということは効率が悪く実際にはありえないが，そのように仮定すると反応槽容積が膨大となり（この場合は滞留時間が 4.2 日以上），反応槽内の微生物濃度も低い状態となってしまうことがわかる。■

〔2〕 **微生物の返送のある完全混合反応槽**　水理学的滞留時間が短い条件（流入流量が多い）でも微生物のウォッシュアウトを防ぐ目的で，**図 5.36** のような反応槽から流出した微生物を沈殿させて濃縮し，再び反応槽に返送するもので，実際の下水処理における活性汚泥法もこのような方法をとっている。ただし，この場合は浮遊する微生物が沈殿しやすい状態である必要がある。

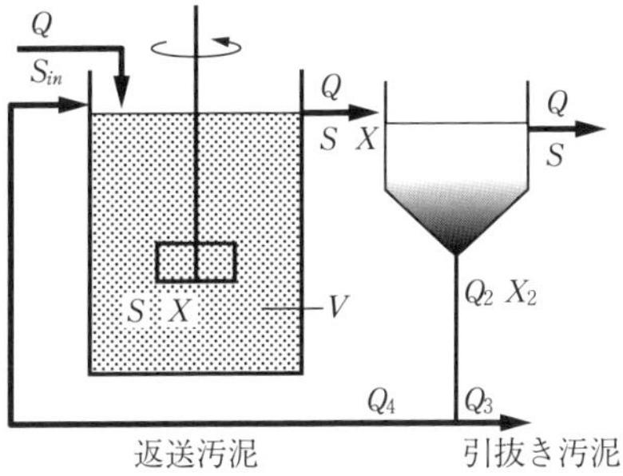


**図 5.36**　微生物の返送がある CSTR

〔3〕 **浮遊微生物法における基本的運転パラメータ**

〔a〕 **水理学的滞留時間**　**水理学的滞留時間**（hydraulic retention time, HRT）は，すでに説明したとおり，生物反応槽容積を流入水の流量で除したものである。

〔b〕 **汚泥滞留時間**　**汚泥滞留時間**（sludge retention time, SRT）は系内に存在する汚泥（菌体）が入れ替わる時間であり，反応槽内に存在する汚泥（菌体）の量を系外に排出する量で除して求められ，図 5.36 の返送がある CSTR の場合，図中のパラメータを用いると以下のようになる。

$$SRT〔日〕 = \frac{反応槽内微生物量〔kg\text{-}SS〕}{微生物引き抜き量〔kg\text{-}SS/日〕} = \frac{XV}{X_2 Q_3} \qquad (5.33)$$

CSTR の場合は，水理学的滞留時間と汚泥滞留時間は等しくなる。系内の微生物の増殖速度が遅い場合は，微生物を系内の保持するために SRT を十分に長くする必要がある。

〔c〕 **有機物容積負荷**　有機物負荷量とは，系内に流入する単位時間当りの有機物量のことであり，流入水の有機物濃度に流入流量を乗じたもので，図5.35では，$QS_{in}$ で表される。この負荷量を反応槽の体積当りの量で表したものを**有機物容積負荷**（volumetric loading rate of organic matter）といい，有機物量をBODで表す場合は以下の式となる。

$$\text{有機物容積負荷}〔\text{kg-BOD}/(\text{m}^3\cdot\text{日})〕=\frac{\text{有機物負荷量}〔\text{kg-BOD}/\text{日}〕}{\text{反応槽容積}〔\text{m}^3〕}$$

$$=\frac{QS_{in}}{V} \qquad (5.34)$$

〔d〕 **有機物汚泥負荷**　**有機物汚泥負荷**（sludge loading rate of organic matter，BOD-SS負荷）とは，反応槽内の微生物当りの有機物負荷量であり，系内に流入する有機物負荷量を，反応槽内に存在する微生物量で除したもので，有機物量をBODで，微生物量を固形物量（SS）で表す場合，以下の式となる。

$$\text{有機物汚泥負荷}〔\text{kg-BOD}/(\text{kg-SS}\cdot\text{日})〕=\frac{\text{有機物負荷量}〔\text{kg-BOD}/\text{日}〕}{\text{反応槽内微生物量}〔\text{kg}〕}$$

$$=\frac{QS_{in}}{XV} \qquad (5.35)$$

〔e〕 **SVI（汚泥の沈降性）**　微生物の返送があるCSTRでは，沈殿槽で汚泥を沈降しやすくする必要があるが，汚泥の沈降性の指標としてよく用いられるものに**SVI**（sludge volume index）がある。SVIは，反応槽内混合液をシリンダーなどに入れて30分間静置し，1gの活性汚泥が占める容積をmLで表したもので，以下の式で求められる。

$$SVI〔\text{mL/g}〕=\frac{SV_{30}}{\text{MLSS 濃度}〔\text{g/mL}〕} \qquad (5.36)$$

$SV_{30}$ は活性汚泥30分沈殿率で，活性汚泥を30分静置させたときの汚泥の容積の沈降前の容積に対する割合である。

例えば，2000 mg/LのMLSS濃度の活性汚泥を1Lのシリンダーにとり，30

分静置後に沈降した汚泥の界面の高さが 200 mL の位置であるとすると

$$SV_{30} = (200\ \mathrm{mL})/(1\ \mathrm{L}) = 0.20(=20\%) \tag{5.37}$$

$$SVI = 0.20/(2000\ \mathrm{mg/L}) = 0.20/(0.002\ \mathrm{g/mL}) = 100\ 〔\mathrm{mL/g}〕 \tag{5.38}$$

となる。

**例題 5.6**

流量 $Q=1000$〔$\mathrm{m^3}$/日〕，BOD 濃度 $S_{in}=200$〔mg/L〕の排水を活性汚泥法によって処理したい。反応槽の容積 $V=250$〔$\mathrm{m^3}$〕，反応槽内の汚泥（微生物）濃度 $X=2000$〔mg/L〕，引抜き汚泥（微生物）濃度 $X_2=8000$〔mg/L〕，引抜き汚泥量 $Q_3=10$〔$\mathrm{m^3}$/日〕のとき，この反応装置の，水理学的滞留時間，汚泥滞留時間，有機物容積負荷，有機物汚泥負荷をそれぞれ計算せよ。

**解答**

水理学的滞留時間 $= V/Q = 0.25$〔日〕
汚泥滞留時間 $= VX/(X_2Q_3) = 6.25$〔日〕
有機物容積負荷 $= S_{in}Q/V = 0.8$〔kg-BOD/($\mathrm{m^3}$・日)〕
有機物汚泥負荷 $= S_{in}Q/(XV) = 0.4$〔kg-BOD/(kg-SS・日)〕

**例題 5.7**

流量 $Q=2000$〔$\mathrm{m^3}$/日〕，BOD 濃度 $S_{in}=150$〔mg/L〕の排水を，反応槽容積 $V=800$〔$\mathrm{m^3}$〕の活性汚泥法によって処理したい。反応槽の $SRT=8$〔日〕，有機物汚泥負荷 $=0.2$〔kg-BOD/(kg-SS・日)〕で運転するとき，反応槽内の汚泥（微生物）濃度 $X$，および引抜き汚泥量 $Q_3$ はいくらにする必要があるか。ただし，引抜き汚泥（微生物）濃度 $X_2=8500$〔mg/L〕である。

**解答**

指定されている汚泥負荷とするには，反応槽内の汚泥濃度 $X$ は

$$X - \frac{S_{in}Q}{V\cdot(\text{有機物汚泥負荷})} = 1.875\ 〔\mathrm{kg/m^3}〕 = 1875\ 〔\mathrm{mg/L}〕$$

となる。

また，指定されている SRT で運転するには，引抜き汚泥量 $Q_3$ は

$$Q_3 = \frac{VX}{X_2 \cdot (SRT)} = 22.1 \text{〔m}^3\text{/日〕}$$

となる。

■

### 5.3.3　生物膜法の概要

**生物膜法**（biofilm process）は担体の壁面に微生物膜を付着増殖させ，その作用によって水中の除去対象物質を除去，処理するものである。微生物は，菌体が生成するポリマーなどの作用によって壁面に付着後，増殖をして壁面に微生物の膜を形成するようになる。微生物膜の水中に近い表面付近の層は増殖したばかりの活性を保っている層であるが，微生物膜の壁面に近い層は，有機物や溶存酸素が供給されにくいため，死滅している微生物も多く，活性が低くなっている層となる（**図 5.37**）。

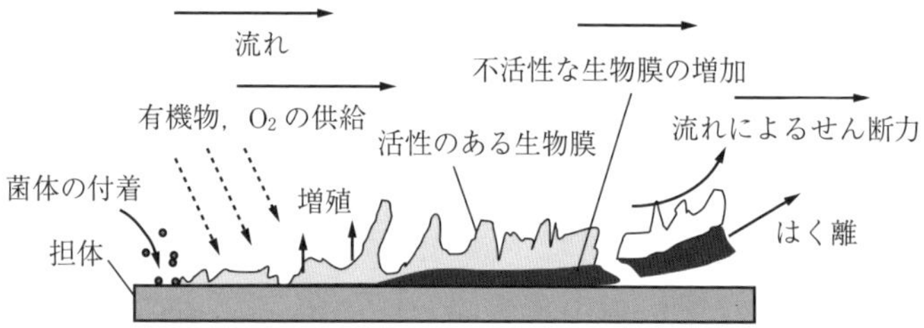


**図 5.37**　生物膜法における微生物の増殖とはく離

増殖しすぎた微生物膜は，水の流れに起因するせん断力によってはく離し，水中に移動する。実際の処理装置では，ある一定期間経過して微生物膜が十分に発達した後に，エアバブリングなどで意図的に強いせん断力を発生させて，余分な微生物膜をはく離させ，その後沈殿させるなどによって，余剰汚泥として系外に排出する（演習問題〔5.8〕参照）。

## 演習問題

〔5.1〕　沈殿池における効率は，流入水の水温の変動があると不安定になるが，その原因は何か。

〔5.2〕　塩化鉄（Ⅲ）などの鉄系の凝集剤が，浄水処理であまり用いられない理由としてどのようなことが考えられるか。

〔5.3〕　アンスラサイトと砂の二層ろ過を用いた場合，初期ろ過時におけるろ層深さ方向のピエゾ水頭の形として正しいものは**図 5.38** のどれか。

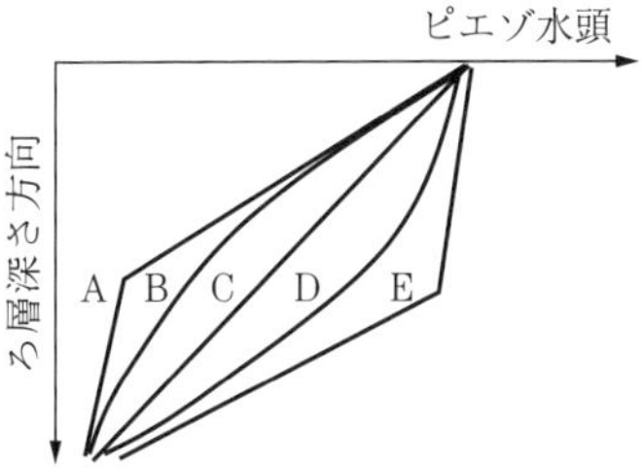


**図 5.38**

〔5.4〕　次亜塩素酸ナトリウム水溶液に塩酸を加えることは人体に有害な結果を招くが，その理由は何か。

〔5.5〕　オゾンは水道水の消毒に用いることができるが，塩素を用いる消毒と比べた長所，短所を考えよ。

〔5.6〕　膜の素材として，塩素などの耐薬品性が重要であるが，その理由は何か。

〔5.7〕　固形物濃度が 2％の汚泥を脱水して固形物濃度を 20％にすると，汚泥の量はどれだけになるか。

〔5.8〕　浮遊微生物法と比較して，生物膜法が有利な点，不利な点にはどのようなことがあるか。

# 6章 水処理のシステム構成

### ◆本章のテーマ

本章では，浄水処理，下水処理，水再利用プロセス，さらには浄化槽，工場排水処理などのシステム構成を理解することを目的とする。

### ◆本章の構成（キーワード）

6.1 浄水処理
　塩素消毒のみ，急速ろ過，緩速ろ過，膜ろ過，高度処理，脱水，紫外線処理，海水淡水化

6.2 下水処理
　標準活性汚泥法，オキシデーションディッチ法，膜分離活性汚泥法，生物膜法，好気性ろ床

6.3 汚泥処理
　汚泥濃縮，汚泥脱水，メタン発酵，汚泥焼却，コンポスト，リン回収

6.4 水再利用
　再生水水質基準，RO

6.5 分散型排水処理システム（浄化槽）
　単独処理浄化槽，合併処理浄化槽

6.6 工場排水処理
　重金属排水処理

### ◆本章を学ぶと以下の内容をマスターできます

☞ 浄水処理の基礎を学ぶことができる。
☞ 下水処理の基礎を学ぶことができる。
☞ 水再利用プロセスの基礎を学ぶことができる。
☞ 浄化槽，工場排水処理などの上下水道システム以外の水処理プロセスの基礎を学ぶことができる。

# 6.1　浄 水 処 理

## 6.1.1　浄水方法の種類

**浄水処理**（water purification）は，河川，湖沼，地下水などの水道原水を処理して，飲料水にふさわしい水質に変換するものである。すでに述べたように，人体に有害な重金属類などに関しては，水道水質基準と環境基準は等しい値に設定されているため，おもな除去すべき対象物質は，濁質（濁り）と病原微生物であり，近年ではそれに加えてかび臭などの臭気原因物質が考慮される。

**表6.1**は，おもな浄水処理方法と除去対象物質の除去方法との関係を示したものである。わが国では病原微生物を除去するために，あらゆる浄水処理に塩素消毒が義務づけられており，濁質の除去方法に応じて，大まかに区分される。さらに臭気原因物質などを除去する必要がある場合は，高度処理が必要となる。

**表6.1**　おもな浄水処理方法と除去対象物質の除去方法

<table>
<tr><th rowspan="2">浄水方法</th><th colspan="3">除去対象物質</th></tr>
<tr><th>濁　質</th><th>臭気原因物質など</th><th>病原微生物</th></tr>
<tr><td>塩素消毒のみ</td><td>—</td><td>—</td><td rowspan="5">塩素消毒</td></tr>
<tr><td>緩速ろ過</td><td rowspan="3">砂ろ過</td><td>—</td></tr>
<tr><td>急速ろ過</td><td>—</td></tr>
<tr><td>急速ろ過（高度処理）</td><td>オゾン・活性炭</td></tr>
<tr><td>膜ろ過</td><td>膜ろ過</td><td>—</td></tr>
</table>

**図6.1**は代表的な浄水処理方式の処理フローを示したものである。いずれの処理方法も，原水をいったん受ける着水井とできあがった浄水を貯めておく浄水池（配水池とする場合もある），および最終段階で塩素剤を加える塩素消毒の工程は共通である。

塩素消毒のみは，塩素剤の添加のみの工程である。緩速ろ過方式および急速ろ過方式では，塩素消毒に濁質除去のための砂ろ過の工程が加わるが，緩速ろ過は，一般に，凝集剤を添加しない普通沈殿（省略可能）とそれに続く砂ろ過

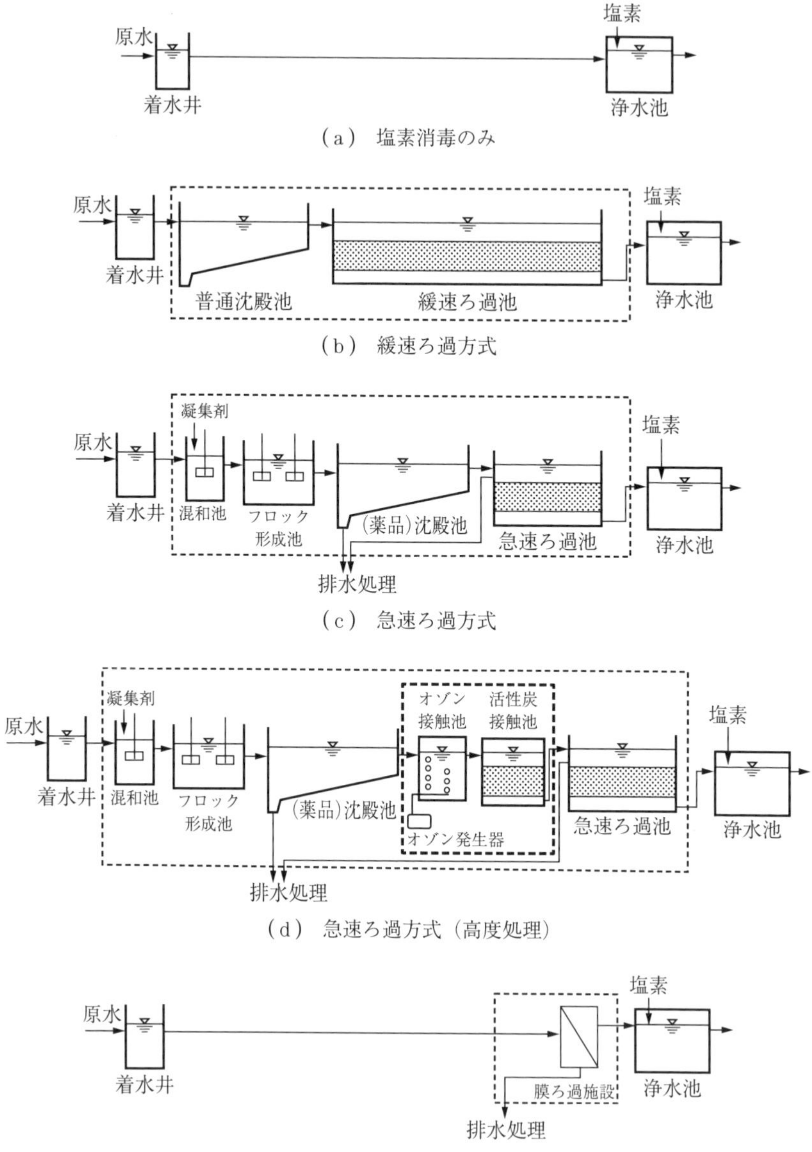


(a)　塩素消毒のみ

(b)　緩速ろ過方式

(c)　急速ろ過方式

(d)　急速ろ過方式（高度処理）

(e)　膜ろ過方式

の範囲：濁質除去に関する操作，　の範囲：高度処理の操作

**図6.1**　代表的な浄水処理方式の処理フロー

の工程であるが，急速ろ過では，凝集剤を添加して濁質を沈殿しやすいフロックとした後，沈殿およびろ過の工程となる。急速ろ過方式（高度処理）では，通常の濁質除去の工程にオゾン＋活性炭による臭気原因物質などの除去工程が加わる。膜ろ過方式は，濁質除去の工程を膜ろ過のみで行う方式で，さまざまなバリエーションがあるが，敷地面積が少なくて済むなどの特徴がある。

### 6.1.2 着水井と浄水池

**図6.2**のように，**着水井**（raw water receiving well）は，流入する原水の流量を安定させ，原水水質や流量を測定するためのもので，後続の浄水施設へは自然流下で水を流すことが多い。滞留時間は1分30秒以上にするものとされる。原水のpH調整のための薬品を滴下することもある。

**図6.2**　着水井の例

**浄水池**（finished water reservoir）は処理された浄水を貯めて，浄水量と送水量の変動を調整するためのもので，計画浄水量の1時間分以上とする。有効水深は3～6m程度が標準で，密閉したRC構造として地下に設置することが多い。浄水場から直接配水する場合は，配水池の機能を併せて持たせる。

### 6.1.3 緩速ろ過方式

**緩速ろ過方式**（slow sand filtration）は，原水水質が良好（BODが2mg/L

程度以下，最高濁度 10 度程度以下）である場合に適用される。

砂ろ過の前段に，凝集剤を添加せずに自然沈降のみによって懸濁物質を除去する普通沈殿池を設けるが，原水水質によっては設置を省略する。沈殿池有効水深は 3 ～ 4 m 程度，表面負荷率は 5 ～ 10 mm/min 程度とする。したがって，滞留時間は，5 ～ 13 時間程度となる。

緩速ろ過池は，砂層および砂層の表面に付着した生物膜によって水中の懸濁物質および溶解性物質を捕捉および処理するもので，物理的作用と生物的作用による処理である（**図 6.3**）。したがって，溶存している臭気原因物質などの有機物，アンモニア性窒素，鉄，マンガンなども，ある程度除去可能であり，一般に急速ろ過方式よりも浄水水質は良好となる。ろ過速度は 4 ～ 5 m/日で，後述する急速ろ過の 1/30 程度であるため，広大なろ過面積を必要とする。砂の有効径は 0.3 ～ 0.45 mm，均等係数は 2.0 以下とし，砂層厚は 70 ～ 90 cm 程度とする。

**図 6.3**　緩速ろ過方式の浄水場のろ過池

ろ過の継続に伴って，次第に砂層表面の生物膜が増大して閉塞が進むため，原水水質にもよるが，1 か月程度ごとに砂ろ過層の水を抜き，ろ層表面の砂を 1 cm 程度削り取るかき取り作業を行う必要がある（**図 6.4**）。

**図 6.4**　砂層のかき取り作業

**例題 6.1**

計画浄水量 50000 $\mathrm{m}^3$/日の浄水場を緩速ろ過方式で建設するとき，必要となる普通沈殿池，緩速ろ過池，浄水池の面積はそれぞれいくらになるか。ただし，普通沈殿池の表面負荷率は 10 mm/min，緩速ろ過池のろ過速度は 5 m/ 日，浄水池の滞留時間は 1 時間で，有効水深は 4 m とする。

**解答**

普通沈殿池面積＝計画浄水量/表面負荷率

$$= (50000\ \mathrm{m}^3/\text{日})/(10\ \mathrm{mm/min}) = 3500\ \mathrm{m}^2$$

緩速ろ過池面積＝計画浄水量 /ろ過速度

$$= (50000\ \mathrm{m}^3/\text{日})/(5\ \mathrm{m}/\text{日}) = 10000\ \mathrm{m}^2$$

浄水池面積＝計画浄水量×滞留時間/有効水深

$$= (50000\ \mathrm{m}^3/\text{日}) \times (1\ \mathrm{h})/(4\ \mathrm{m}) = 520\ \mathrm{m}^2$$

■

### 6.1.4　急速ろ過方式

〔1〕 **急速ろ過方式の処理フロー**　排水処理および種々のオプション的な操作を含めた**急速ろ過方式**（rapid sand filtration）の処理フローを**図 6.5** に，浄水場を**図 6.6** に示す。

大まかな水処理の流れは，① 混和池における凝集剤の注入と混合，② フロック形成池における濁質の粗大化によるフロック形成，③（薬品）沈殿池におけ

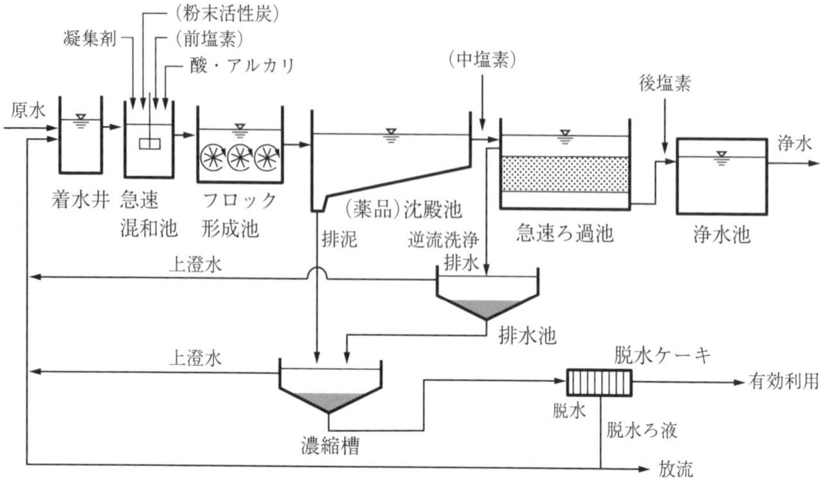


**図6.5**　急速ろ過方式の処理フロー（例）

**図6.6**　急速ろ過方式の浄水場

るフロックの沈殿除去，④沈殿しなかった細かい粒子の急速ろ過池における除去，⑤塩素消毒である。（薬品）沈殿池の底からの排泥および急速ろ過池の逆流洗浄水は，沈降・濃縮操作によって濃縮汚泥と上澄水に分離され，濃縮汚泥は脱水工程で脱水ケーキと脱水ろ液に分離される。脱水ケーキは有効利用あるいは処理処分され，沈降・濃縮工程からの上澄水および脱水ろ液は，着水井に戻されるか，放流される（演習問題〔6.1〕参照）。

〔2〕 **凝集工程** 凝集工程は，急速混和地とフロック形成池より構成される。急速混和池は，原水と凝集剤を急速に混合させるためのもので，数枚の羽根を高速度で回転させるフラッシュミキサーと呼ばれるものを用いることが多い。滞留時間は1～5分が標準である。混和池には，凝集剤のほかに，原水のpHを凝集に適した中性付近に調整するための酸・アルカリ剤を注入することがある（着水井に注入することもある）。

フロック形成池は急速混和池で形成された微小フロックを緩やかにかくはんしてフロックの成長を促進させるものである。パドル式のかくはん板を用いることが多く，滞留時間は計画浄水量の20～40分程度である。

〔3〕 **（薬品）沈殿池** **薬品沈殿池**（chemical sedimentation basin）は凝集工程で形成された成長したフロックを沈殿させ，後続の急速砂ろ過への負担を軽減させるためのものである。長方形のものが多く採用されており，有効水深は3～4mとして，排泥のために排泥口に向かって緩やかな勾配をつける。表面負荷率は15～30mm/min程度とし，滞留時間は3～5時間程度となる。沈殿池のための土地が不足する大都市では，傾斜版を設置することも多い。

〔4〕 **急速ろ過池** **急速ろ過池**（rapid sand filter）では，凝集沈殿池で除去しきれなかった細かいフロックを砂ろ過によって除去する。砂層の厚さは60～70cm程度で，砂の有効径は0.45～0.7mm，均等係数は1.7以下とし，ろ過速度は120～150m/日が標準である。砂の単層だけではなく，砂とアンスラサイトを用いた二層ろ過もよく用いられる。

ろ過継続に伴って，砂層にフロックが蓄積されて損失水頭が増大するため，洗浄が必要となるが，一度ろ過した水を貯めておき，これをろ過方向と逆方向に流す逆流洗浄が最もよく用いられる（**図6.7**，**図6.8**）。頻度は原水水質にも依存するが，1～2日ごと程度が多い。逆流洗浄のほかには，空気を砂層の下部より吹き込んで砂層を流動化させる空気洗浄も採用されることがある。

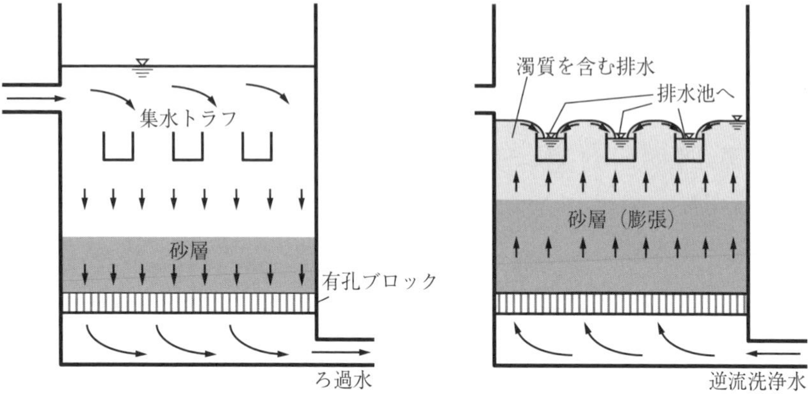


（a） ろ過工程　　　（b） 逆流洗浄工程

**図 6.7** 急速ろ過池におけるろ過工程と逆流洗浄工程

**図 6.8** 急速ろ過池の逆流洗浄工程

**例題 6.2**

例題 6.1 と同じ条件で，浄水場を急速ろ過方式で建設するとき，必要となる薬品沈殿池，急速ろ過池，浄水池の面積はいくらになるか。ただし，薬品沈殿池の表面負荷率を 30 mm/min，急速ろ過池のろ過速度を 150 m/日とする。

**解答**

薬品沈殿池面積＝計画浄水量/表面負荷率

$= (50000\ \mathrm{m}^3/日)/(30\ \mathrm{mm/min}) = 1200\ \mathrm{m}^2$

急速ろ過池面積＝計画浄水量/ろ過速度

$= (50000\ \mathrm{m^3/日})/(150\ \mathrm{m/日}) = 330\ \mathrm{m^2}$

浄水池面積 $= 520\ \mathrm{m^2}$（例題 6.1 と同じ）

緩速および急速ろ過の場合を比較すると，緩速ろ過の合計面積 $= 14000\ \mathrm{m^2}$，急速ろ過の合計面積 $= 2000\ \mathrm{m^2}$ となる。実際の浄水場の敷地面積はこれら以外にも，急速ろ過では，急速混和地，フロック形成池，排水処理施設などがあり，共通する施設として，着水井，消毒施設，事務所などがあるが，両システムの必要敷地面積の違いを理解できるであろう。

■

〔5〕 **粉末活性炭処理と前塩素，中間塩素処理**　原水中の臭気原因物質濃度が高くなっても，高度処理でない通常の急速ろ過処理では，これらをほとんど除去できない。その場合は，粉末活性炭を処理工程の前段の着水井あるいは急速混和地に注入する**粉末活性炭処理**（powdered activated carbon treatment）を行う。活性炭は原水中の濁質とともに凝集・沈殿されて排水工程に行き，脱水ケーキとして搬出される。

原水の水質が悪い場合，沈殿池の前段で塩素を注入することがあり，これを**前塩素処理**（pre-chlorination）という。塩素添加によって，アンモニア性窒素の除去，鉄・マンガンの酸化・沈殿除去，藻類の分解，沈殿池における付着性藻類の増殖の抑止などの効果があるが，水中の有機物と反応して，トリハロメタンなどの消毒副生成物が生成しやすくなる。

**中間塩素処理**（intermediate chlorination）は，沈殿池とろ過地の中間で塩素を注入する方法で，沈殿池で消毒副生成物の前駆物質となる有機物を沈殿除去した後に塩素を注入するため，消毒副生成物の発生を抑制できることが利点である。

なお，通常の急速ろ過後の塩素注入を後塩素処理という。

〔6〕 **脱　　水**　濃縮された浄水汚泥の脱水方法には，脱水機を用いる機械脱水と天日乾燥がある。

脱水機としては，**加圧脱水機**（filter press，フィルタープレス）が用いられることがほとんどである。

**図 6.9** は浄水場で発生する浄水汚泥の脱水によく用いられるフィルタープレス式脱水機の原理を示したものである。ろ板の間にろ布で形成された空間に汚

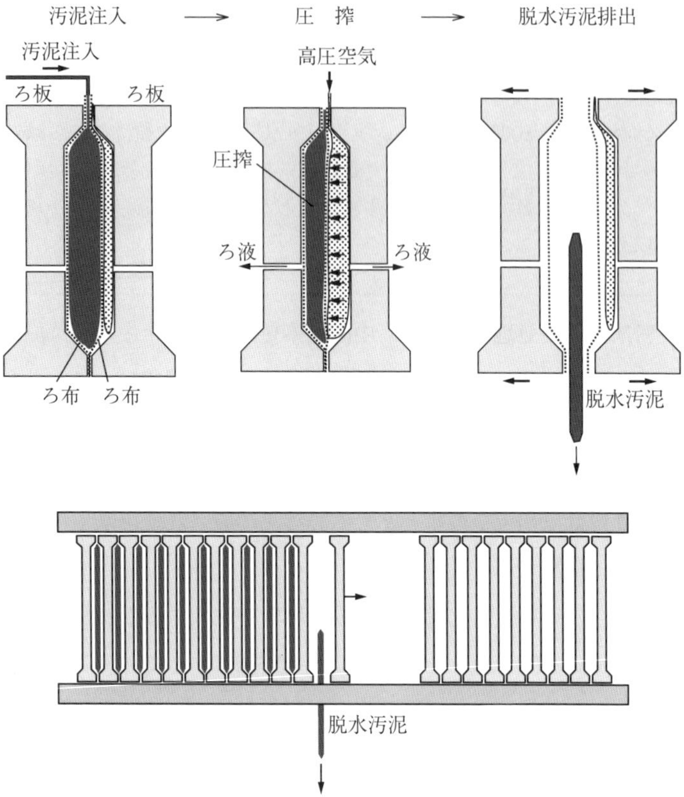


**図6.9**　フィルタープレス式脱水機の原理

泥を注入した後に高圧空気を圧入して圧搾脱水し，ろ板を離すことによって脱水汚泥を排出するもので，このサイクルを繰り返すことによって連続して汚泥を脱水する。実際のフィルタープレス式脱水機（**図6.10**）はこのろ板が数十枚あるいはそれ以上連続して設置されており，汚泥注入と圧搾はそれぞれのろ板間の空間で同時に行われるが，汚泥排出はろ板ごとに順々に行われる。

多くの場合は凝集剤を添加しない無薬注方式であり，短時間型の場合で1サイクルは1時間程度，ケーキ含水率は55～65％程度となる。

天日乾燥床は濃縮した汚泥を天日によって乾燥させるもので，広大な土地は必要となるが，省エネルギー・低コストの脱水方法である（**図6.11**）。コンク

**図 6.10**　加圧（フィルタープレス式）脱水機

**図 6.11**　天日乾燥床（乾燥が進んでスラッジ層が収縮している状態）

リート製で長方形として有効水深は 1 m 以下とし，一般に一池当り，100 ～ 1000 $m^2$ 程度の例が多い。沈降分離した上澄水や雨水を速やかに排除する装置を設け，底には下部からの集水などのために砂を敷く。

脱水ケーキは，埋立てなどで処分されるほか，セメントの原材料，園芸用土，埋戻し材などとして有効利用される例も多い。

**例題 6.3**

例題 6.2 と同じ条件の急速ろ過の浄水場において，凝集剤としてポリ塩化アルミニウム（注入率：20 mg/L）を用いて，平均濁度が 10 度の原水を処理している。脱水機としては加圧脱水機を用いている。一日当りに発生する脱水ケーキの質量はどれだけになるか。ただし，濁度に対する SS の比を 1.5(mg/L)/度とし，ポリ塩化アルミニウムの濃度を，$Al_2O_3$ として 10％とし，注入した $Al_2O_3$ 分がそのまま全量汚泥として排出されるものとする。また，脱水ケーキの含水率を 60％とする。

**解答**

浄水工程から汚泥として排出される固形物は，凝集沈殿・砂ろ過の工程で除去される SS 量と注入する凝集剤量の合計である。したがって排出される固形物量（乾燥重量として）は，浄水中の濁度などの系外へ排出される固形物量を無視して構わないことから

$$((10\,\text{度} - 0\,\text{度}) \times (1.5(\text{mg/L})/\text{度}) + (20\ \text{mg/L}) \times 0.10) \times (50000\ \text{m}^3/\text{日}) = 850\ \text{dry-kg}/\text{日}$$

となる。したがって排出される脱水ケーキは水分を含めると

$$(850\ \text{dry-kg})/\text{日}/(1 - 0.60) = 2100\ \text{kg}/\text{日}$$

となる。

■

### 6.1.5　高度浄水処理（オゾン＋粒状活性炭）

通常の急速ろ過方式では十分に除去できない臭気原因物質，トリハロメタンなどの消毒副生成物の前駆物質，色度，アンモニア性窒素などを安定して除去するためには，前述の粉末活性炭の添加でも対応できるが，年間を通じて対応すべき日が長い場合は，通常の急速ろ過方式のフローに高度処理のフローを追加した**高度浄水処理**（advanced water purification）とすることがある。東京や大阪などの大都市において広く用いられている方式は，オゾン処理と粒状活性炭処理を組み合わせるものである。

オゾン処理と粒状活性炭処理は，それぞれ単独でも臭気原因物質などの有機物の除去の効果があるが，これらを組み合わせることによって大きな効果を期待することができる。また，オゾン処理は有機物との反応によりアルデヒドなどの副生成物が生じるので，日本ではオゾン処理の後に粒状活性炭処理が必須

となっており，オゾン処理＋粒状活性炭処理として行われる。

オゾン処理では，生成したオゾンを含む空気を，オゾン接触層において酸気管や散気板などから微細気泡にして水中に放つ。オゾンの注入率は, 0.5 ～ 3 mg/L 程度，オゾン接触時間は 10 分前後としている例が多い。

粒状活性炭処理は，活性炭吸着池に粒状活性炭を充てんし，これに原水を通して有機物などの吸着除去を行うものである。この処理は大きく分けて，活性炭そのものの持つ吸着作用を利用する**粒状活性炭**（granular activated carbon, GAC）処理と活性炭層内に生息する微生物による有機物の分解作用を利用して，活性炭の吸着能力を長期間持続させる**生物活性炭**（biological activated carbon, BAC）処理がある。BAC 処理では，生物化学的作用によってアンモニア態窒素を硝化して塩素注入量の低減を期待することもできるが，臭気原因物質の除去能力を大きくしたい場合は，GAC 処理とすることが多い。

オゾンと活性炭を組み合わせた処理方式の例を**図 6.12** に示す。

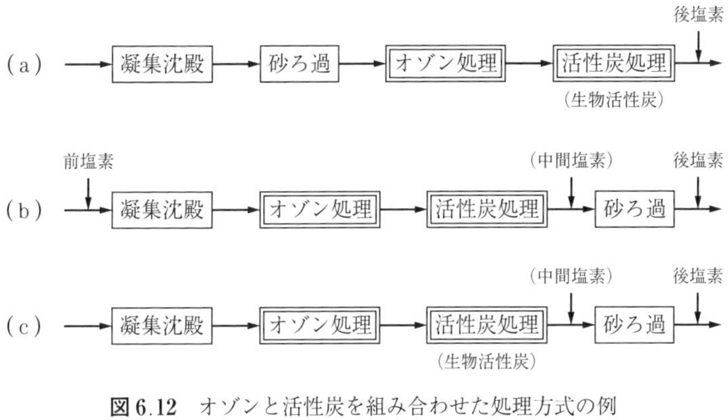


**図 6.12**　オゾンと活性炭を組み合わせた処理方式の例

図 (a) のオゾン処理＋活性炭処理を急速ろ過池の後段に設置する方法は，比較的初期に実施されたフローであり，砂ろ過後の処理水をオゾン＋活性炭で処理するため活性炭処理に対する負荷は低減されるが, 近年は図 (b) または図 (c) のように薬品沈殿池と急速ろ過池の間に設置されることが多い。これは，活性炭層に生息する微生物（特に後述の生物活性炭の場合）やその代謝物質，破砕された微細な活性炭などが直接浄水中に漏出することを防ぐために，活性炭接触池の後段に砂ろ過を設置するほうが望ましいためである。

図(b)の処理がその他のフローと異なる点は，前塩素処理をしているために，活性炭層にも塩素が残留する可能性があることである。そのため活性炭層に微生物が生息しにくく，GAC処理となるが，図(a)，(c)の処理では，活性炭処理の前段に塩素注入がないため，活性炭層には微生物が生息し，BAC処理となる。

### 6.1.6 膜ろ過方式

**膜ろ過方式**（membrane filtration）を用いた浄水処理は，砂ろ過による濁質除去を膜ろ過によって代替するものであり，おもに精密ろ過膜や限外ろ過膜が用いられる。したがって，細菌類やクリプトスポリジウムなどの原虫類を，消毒剤などを用いることなく物理的に除去できることが大きな特徴である。

**図6.13**は，膜ろ過方式（**ケーシング型膜ユニット**（side-stream membrane unit））の浄水方式の代表例を示したものである。図(a)の基本形は，地下水や湧水などの比較的清澄な原水を処理する小規模な浄水場を想定した最もシンプルなものであり，原水はpH調整をした後にポンプで圧送され，直接膜でろ過して浄水を得る。膜ろ過の工程で発生する排水は必要に応じて排水処理工程の後に放流される。図(b)は濁度や有機物濃度が比較的高い河川水を原水とするフローで，比較的大規模な浄水場を想定しており，凝集剤を注入して濁質のマイクロフロックを形成させてろ過性を改善し，さらに有機物や鉄・マンガン，アンモニアなどの除去を目的として，前塩素処理および粉末活性炭の添加を行っているものである。また，排水もさらに膜処理によって濃縮させて脱水工程に移すとともに，ろ過水を着水井の戻し，回収率を向上させており，ほぼフルスペックの膜浄水のフローとなっている。

**図6.14**は，膜ユニットとしてケーシング型ではなく**槽浸漬型**（tank immersion type）を用いた膜浄水のフローの一例である。pH調整された原水は膜ユニットを浸漬させた槽に導かれ，膜ユニットからの透過水は，図に示すように条件

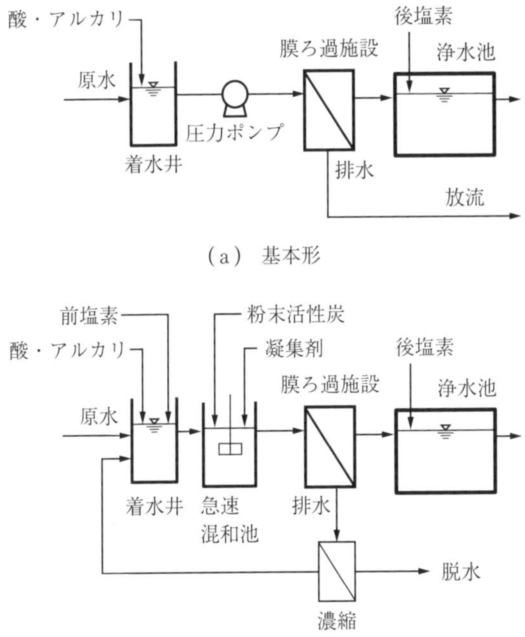


（a）基本形

（b）高度処理形

**図 6.13**　膜ろ過方式（ケーシング型膜ユニット）の浄水方式の代表例

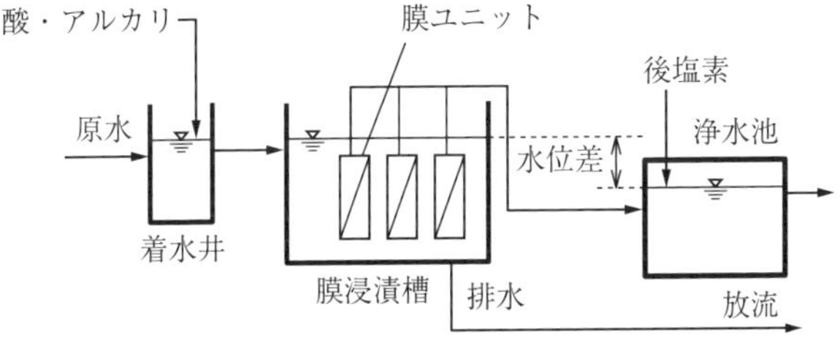


**図 6.14**　槽浸漬型の膜浄水フローの一例

によっては，水位差を駆動力としてろ過されることも可能である。この方式を用いる場合も，図 6.13（b）の高度処理形のように，凝集剤，前塩素や粉末活性炭の添加，あるいは濃縮・脱水工程を含む排水処理と組み合わせることも可能である（演習問題〔6.2〕参照）。

**図 6.15** はケーシング型膜ユニットの例である。円筒形のケーシングのなか

図 6.15　ケーシング型膜ユニットの例

図 6.16　槽浸漬型膜ユニットを用いた浄水場

に中空糸膜が充てんされており，ケーシングを効率よく集積させて系列化している。**図 6.16** は槽浸漬型膜ユニットを用いた浄水場の一例である。薬品沈殿池を膜浸漬槽とし，中空糸膜ユニットを浸漬しているが，透過水および逆流洗浄のためのラインのみをみることができる。

### 6.1.7　紫 外 線 処 理

**紫外線処理**（ultraviolet disinfection）は，一般には消毒技術として位置づけられ，浄水処理の分野では，おもに塩素耐性のあるクリプトスポリジウムなどの不活化を目的として適用されている。**図 6.17** は，病原微生物を除いて水道水質基準を満足する地下水を原水とし，クリプトスポリジウムの対策のために紫外線処理を導入する処理フローの一例であり，もともとは塩素処理のみで浄水を行っていた処理場で導入する例が多い（**図 6.18**）。揚水された地下水は，紫外線照射装置を通ったのちに塩素処理されて浄水として給水されるが，これ

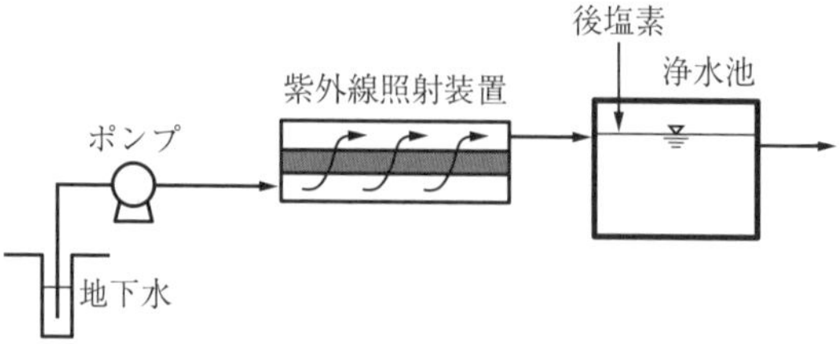


図 6.17　地下水を対象とした紫外線処理システム

**図 6.18**　紫外線処理設備の例

は紫外線照射装置でも大腸菌などの不活化はなされるものの，わが国では塩素消毒が義務づけられているためである。

### 6.1.8 海水淡水化

離島などで河川水や地下水などの水資源が十分でない地域では，**海水淡水化**（sea water desalination）施設を導入するところもある。**図 6.19** は逆浸透膜を用いた海水淡水化システムのフロー例である。海水中のイオンを通さない逆浸透膜が中心部であるが，海水の浸透圧が約 2.4 MPa にも達するために，それ以上の圧力で加圧する必要があり，消費エネルギーが大きくなる。また取水する海水の約半分の量の淡水を得る代わりに，同じ量の約 2 倍の濃度に濃縮された海水を海に戻して放流する必要がある。また，逆浸透膜の前処理として砂ろ過などが必要となる。

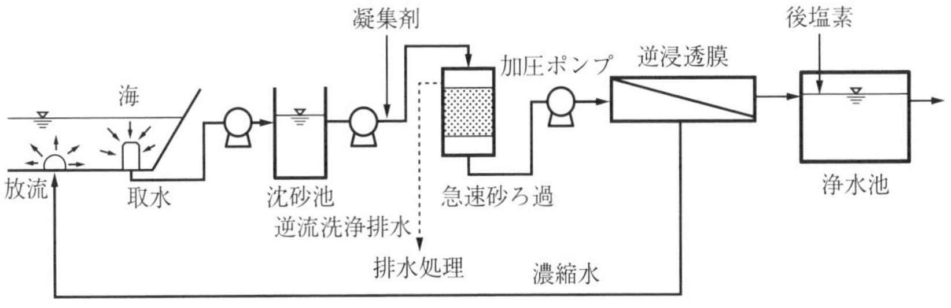


**図 6.19**　海水淡水化システムの例

## 6.2　下　水　処　理

### 6.2.1　下水処理の基本的な仕組み

**下水処理**（sewage treatment）の基本的な仕組みを**図 6.20** に示す。なお，水処理工程と汚泥処理工程はさまざまな方式があるため，ここでは方式を特定せずに表現している。下水処理場に流入する下水は，砂，夾雑物などを含むため，まずこれらを沈砂池で沈殿あるいはスクリーンによって除去する。沈砂池の水面積負荷は，1800 m/日程度，滞留時間は 30 ～ 60 s 程度とする。下水は自然流下で処理場に輸送されるため，沈砂池は地中深い位置に存在することが多いため，揚水ポンプによってくみ上げた後に水処理工程へ移され，処理水は通常，塩素接触槽において消毒の後に河川などに放流される。

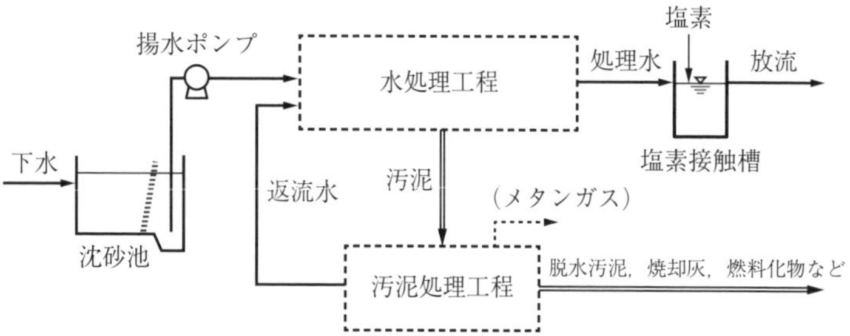


**図 6.20**　下水処理の基本的な仕組み

一方，水処理工程から発生する汚泥は汚泥処理工程を経て，脱水汚泥（脱水のみの場合），焼却灰（焼却する場合），あるいは炭化物などの燃料化物として排出される。メタン発酵が工程中にある場合，メタンガスが有価物として取り出される。また，汚泥処理工程からは，汚泥の濃縮あるいは脱水工程から発生する汚濁物質濃度の高い液状物（脱離液など）が発生し，通常は返流水として水処理工程へ再び戻されて処理される。

### 6.2.2　下水処理法の種類と概要

**図 6.21** はおもな下水処理方法を示したものである。大きく分けて浮遊微生

- 浮遊生物法（活性汚泥法）
  - 標準活性汚泥法
  - オキシデーションディッチ法
  - 膜分離活性汚泥法法
  - 循環式硝化脱窒法（窒素除去）
  - 嫌気好気法（AO 法）（リン除去）
  - 嫌気無酸素好気法（A2O 法）（窒素・リン除去）
  - その他（回分式活性汚泥法，ステップエアレーション法など）
- 付着生物法
  - 好気性ろ床法
  - 接触酸化法
  - その他（散水ろ床法，回転円盤法など）

高度処理（循環式硝化脱窒法，嫌気好気法，嫌気無酸素好気法）

**図 6.21**　おもな下水処理方法

物を用いる方法（活性汚泥法）と付着微生物を用いる方法がある。わが国では大多数が浮遊微生物法であるが，小規模な処理場や処理施設では付着生物法も用いられることがある。活性汚泥法のうち，標準活性汚泥法は大都市をはじめ多くの処理場で採用されている最も一般的なものである（**図 6.22**（a））。オキシデーションディッチ法は敷地面積に余裕のある小規模な処理場で採用されている例が多い（図（b））。また，循環式硝化脱窒法は窒素除去，嫌気無酸素好気法は窒素とリン除去の代表的な処理方法となっている。

（a）　標準活性汚泥法　　　（b）　オキシデーションディッチ法

**図 6.22**　活性汚泥法の反応槽

### 6.2.3 活性汚泥法

〔1〕 **標準活性汚泥法**　　図6.23に**標準活性汚泥法**（conventional activated sludge process）のフローを示す。ただし，ここでは沈砂池と塩素接触池の間のプロセスのみを示している（以下の処理法のフローでも同様）。

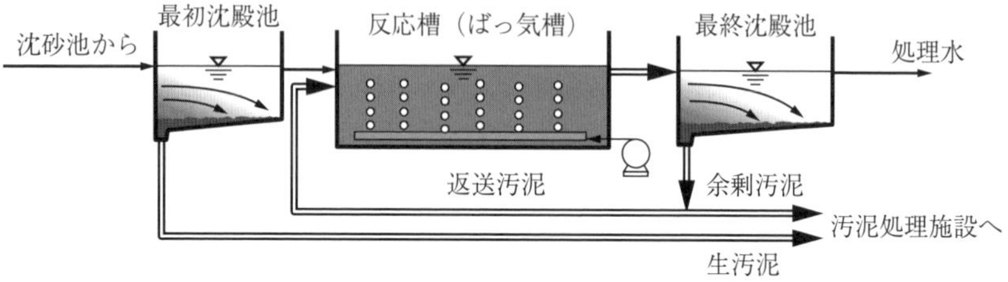


**図6.23**　標準活性汚泥法のフロー

標準活性汚泥法は，最初沈殿池で流入下水中の沈降しやすい固形性の有機物を除去した後，反応槽（ばっ気槽）において活性汚泥（浮遊微生物）と接触させ，最初沈殿池で沈降しなかった微細な粒子状あるいはコロイド状の有機物をフロックに吸着させる。さらに，溶存している有機物を微生物によって摂取させ，微生物自身の増殖に使って菌体に変換するとともに，代謝によって二酸化炭素まで酸化される。反応槽内では連続的にばっ気されて，微生物に必要な酸素を供給するとともに，沈降しやすい活性汚泥フロックを混合させて浮遊している状態に保っている。

活性汚泥フロックと流入下水の混合物（混合液）は最終沈殿池に輸送され，活性汚泥フロックは重力によって沈降することによって固液分離され，上澄液（すでに大部分の有機物は除去されている）が処理水となる。

最終沈殿池で沈殿除去された活性汚泥フロックは，一部は余剰汚泥として系外に排出されるが，多くの部分は反応槽に戻されて再び処理を担うこととなる。つまり，最終沈殿池の機能は，固液分離によって清澄な処理水を得ることと，処理を担う十分な量の活性汚泥を系内に保持することの二つである。

最初沈殿池から引き抜かれる生汚泥と余剰汚泥はともに汚泥処理施設で処理される。

**〔2〕 オキシデーションディッチ（OD）法**　　オキシデーションディッチ**法**（oxidation ditch process，**OD 法**）は，もともとオランダの農村で酪農排水を簡単な施設（素掘りの溝）で処理するために開発されたものが発展したもので，おもに小規模な処理場で採用されている。最初沈殿池を設けず，浅い無終端水路（循環する水路）を反応槽としたもので，機械的なかくはん装置で表面をばっ気して酸素供給をするとともに，水路を混合液が循環するようにしている（**図 6.24**）。標準活性汚泥法と比較して，反応槽の滞留時間が長く（24 時間以上），水路が浅いために，広大な敷地が必要となるが，運転管理が簡単で，流入流量や水質の変動に対しても安定した処理が可能である。

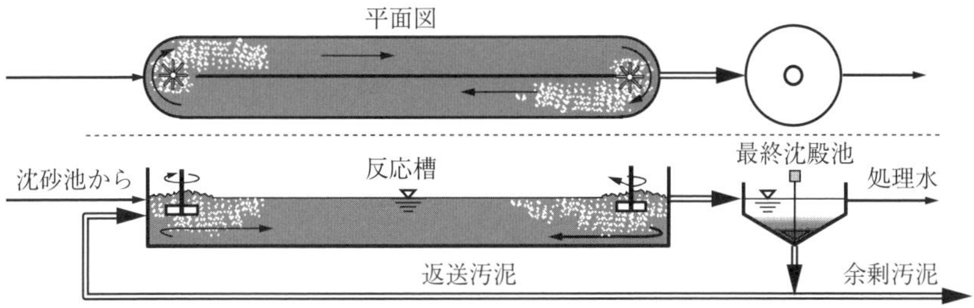


**図 6.24**　オキシデーションディッチ法

最終沈殿池は，長方形ではなく円形のものが採用されることが多い。

**〔3〕 循環式硝化脱窒法**　　標準活性汚泥法やオキシデーションディッチ法で示したフローでは，基本的には BOD などの有機物の除去が基本であり，富栄養化の原因となる窒素やリンの除去は十分ではない。

**循環式硝化脱窒法**（nitrification-denitrification process）は，標準活性汚泥法の反応槽（ばっ気槽）の前段にばっ気をせずにかくはんのみを行う無酸素（溶存酸素は存在しないが，$NO_3^-$は存在する）槽を設置し，返送汚泥とは別に，ばっ気槽から出る混合液の一部を無酸素槽の入口に返送するものである（**図 6.25**）。

このフローでは，最初沈殿池からの流出水はおもに有機物（BOD 成分）と$NH_4^+$であるが，このうち$NH_4^+$は無酸素槽では反応せずにそのまま後段の好気槽に移動し，そこで硝化細菌によって$NO_3^-$まで酸化される。その後，循環硝

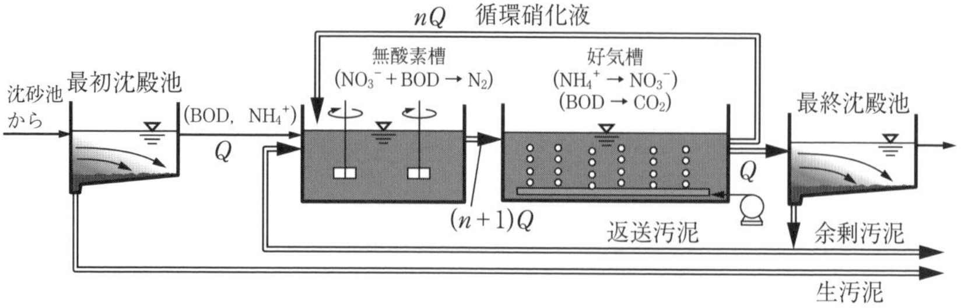


**図 6.25**　循環式硝化脱窒法のフロー

化液として再び無酸素槽に戻されるが，そこで，脱窒菌によって，流入する有機物（BOD 成分）を水素供与体として用い，$NO_3^-$は窒素ガスまで還元され，水中から除去される。流入する BOD 成分は，無酸素槽および好気槽両方で除去される。

このフローでは，最初沈殿池に入る流量を $Q$，循環硝化液の流量を $nQ$ とすると，理論的に T-N（全窒素）の除去率は $n/(1+n)$ となり，通常は 65 ～ 75% 程度の除去率が期待できる。

〔4〕 **嫌気好気法（AO 法）**　　図 6.26 は生物学的にリンを除去する**嫌気好気法**（anaerobic-oxic process，**AO 法**）のフローである。ばっ気槽（好気槽）の前段にばっ気をせずにかくはんのみを行う嫌気槽（溶存酸素と $NO_3^-$がともに存在しない槽）を設け，そこに返送汚泥を戻すものである。この汚泥の循環（好気状態と嫌気状態に交互にさらされる）によって，嫌気状態で菌体内に蓄積しているリンを放出し，続く好気状態において菌体がリンを過剰に摂取するというサイクルができ，多量のリンを菌体内に蓄積できる細菌を優先的に増殖

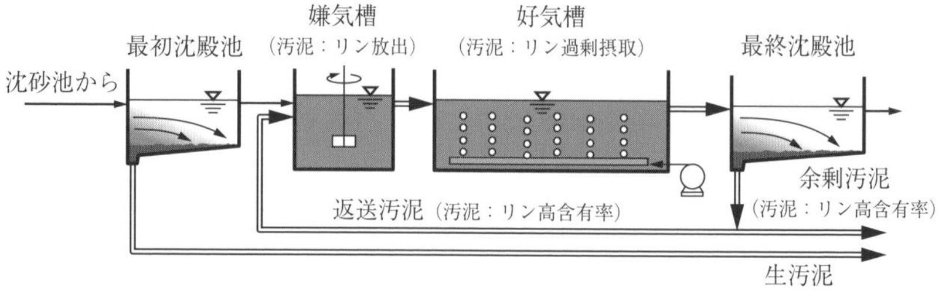


**図 6.26**　嫌気好気法のフロー

させることができる。汚泥のリン含有率は，標準活性汚泥法では0.02～0.03 g/g-MLSSであったものが0.025～0.050 g/g-MLSSとなる。最終的には，リンは余剰汚泥とともに系外に排出される。処理水のT-P濃度は1.0 mg/L程度以下が目標となる。

〔5〕 **嫌気無酸素好気法（A2O法）**　**嫌気無酸素好気法**（anaerobic-anoxic-oxic process，**A2O法**）は循環式硝化脱窒法とAO法を組み合わせて，窒素とリンを同時に除去するもので，**図6.27**にフローを示す。T-Nで65～75%，T-Pで75～85%程度の除去が期待できる。

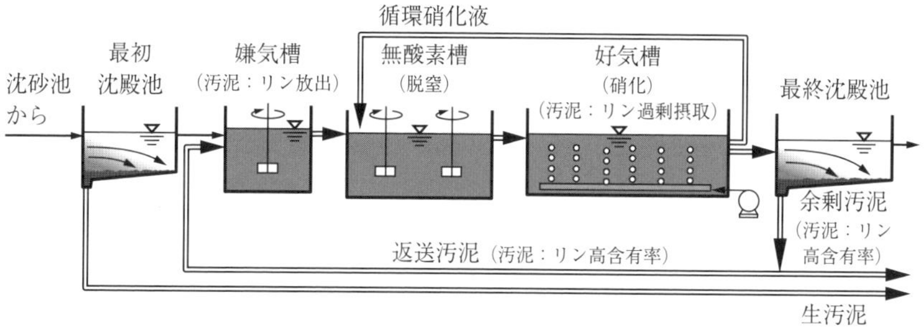


**図6.27**　嫌気無酸素好気法のフロー

〔6〕 **膜分離活性汚泥法（MBR）**　**膜分離活性汚泥法**（membrane bio-reactor，**MBR**）は標準活性汚泥法における最終沈殿池での固液分離を，MF膜やUF膜を用いた膜分離で置き換えたもので，**図6.28**の膜分離活性汚泥法（槽外型）がもともとの基本的なフローである（最初沈殿池は省略可能）。最終沈殿池における活性汚泥フロックの沈降性に処理性能が左右されない（活性汚泥フロックが沈降しなくてもよい）ため，MLSS濃度を高く保つことができるの

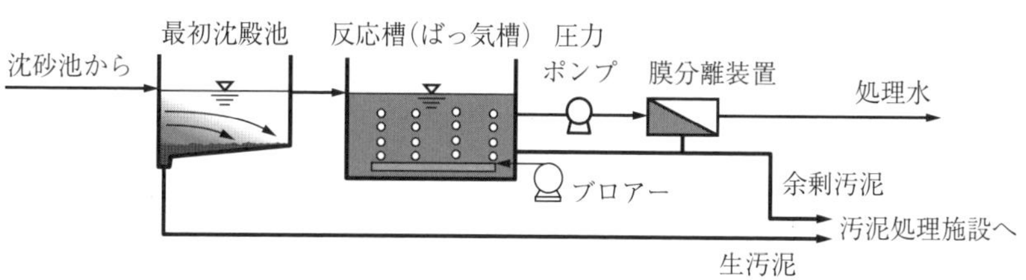


**図6.28**　膜分離活性汚泥法（槽外型）のフローの一例

で，反応槽をコンパクトにすることができ，また最終沈殿池が不要なため，必要な敷地面積が大幅に減少する。また，処理水に膜孔径以上の固形物が存在しないため，きわめて清澄な処理水が得られ，処理水の再利用に適している。

現在，実際に広く普及しているのは，**図6.29**に示す浸漬型の膜分離活性汚泥法である（ここでは最初沈殿池を省略し，硝化液循環型となっている）。

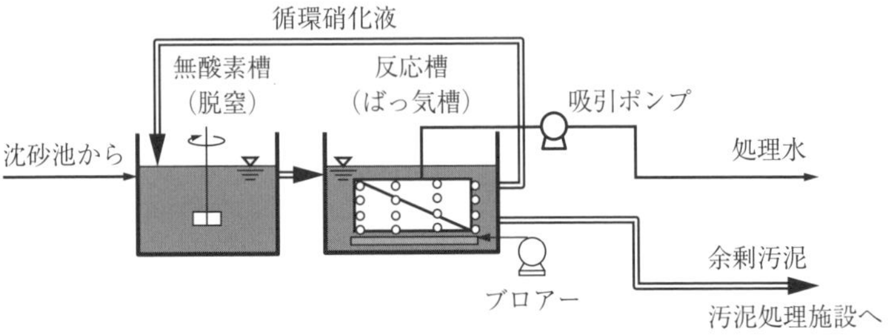


**図6.29**　循環式硝化脱窒型膜分離活性汚泥法（浸漬型）のフローの一例

膜分離ユニットを直接，反応槽に浸漬しているため（**図6.30**），槽外型に比べて汚泥の循環に必要なポンプ動力が不要となるなどエネルギー消費量が小さくなることが特徴である。また，図6.29のように無酸素槽を前段に設置することによって，窒素除去も行いつつ，過度な硝化の促進によりpH低下を防ぐことができ，わが国における標準型となっている（演習問題〔6.3〕参照）。

**図6.30**　膜分離活性汚泥法（浸漬型）の反応槽（混合液が入る前）

〔7〕 **凝集剤併用活性汚泥法**　リン除去は，生物学的な除去方法だけでなく凝集剤を用いた化学的方法（**凝集剤併用活性汚泥法**（activated sludge process with coagulant））によることもできる。例えば標準活性汚泥法の反応槽に，ポリ塩化アルミニウム（PAC），ポリ硫酸鉄などの凝集剤を直接滴下することにより，下水中に存在する $PO_4^{3-}$ と $Al^{3+}$ や $Fe^{3+}$ を凝集させて，余剰汚泥とともに系外に排出することができる。

〔8〕 **各種活性汚泥法のまとめ**　代表的な活性汚泥法の施設の標準値を**表 6.2** にまとめる。

**表 6.2**　各種活性汚泥法における施設の標準値[1)]

| 処理方式 | 反応槽 | | | | 最初沈殿池 | 最終沈殿池 |
|---|---|---|---|---|---|---|
| | MLSS 濃度〔mg/L〕 | BOD-SS 負荷〔kg-BOD/(kg-SS・日)〕 | 水深〔m〕 | HRT〔h〕 | 水面積負荷〔m/日〕 | 水面積負荷〔m/日〕 |
| 標準法 | 1500～2000 | 0.2～0.4 | 4～6 | 6～8 | 分流式：35～70<br>合流式：25～50 | 20～30 |
| OD 法 | 3000～4000 | 0.03～0.05 | 1～5 | 24～36 | — | 8～12 |
| 循環式硝化脱窒法 | 2000～3000 | 標準法より小 | 4～6 | 14～18 | 25～70 | 15～25 |
| AO 法 | 1500～2000 | 0.2～0.4 | 4～6 | 7～10 | 25～70 | 20～30 |
| MBR（循環式硝化脱窒型） | 8000～12000 | 標準法より小 | 3.6～5 | 5～6 | — | — |

**例題 6.4**

分流式下水道において，計画汚水処理量 50000 $m^3$/日，計画流入 BOD 濃度 200 mg/L，同 SS 濃度 200 mg/L の処理施設を標準活性汚泥法にて建設したい。最初沈殿池，反応槽，最終沈殿池に必要な面積をそれぞれ計算せよ。ただし，計算には表 6.2 で示されている値の範囲のうち，最小のものを用いること。

**解答**

最初沈殿池面積＝計画汚水量/水面積負荷

$$= (50000\ \mathrm{m^3/日}) / (35\ \mathrm{m/日}) = 1400\ \mathrm{m^2}$$

最終沈殿池面積＝計画汚水量／水面積負荷

$= (50000\ \mathrm{m}^3/\text{日})/(20\ \mathrm{m}/\text{日}) = 2500\ \mathrm{m}^2$

反応槽面積＝計画汚水量×滞留時間／水深

$= (50000\ \mathrm{m}^3/\text{日}) \times (6\ \mathrm{h})/(4\ \mathrm{m}) = 3100\ \mathrm{m}^2$

合計：$7000\ \mathrm{m}^2$

### 6.2.4　生　物　膜　法

**生物膜法**（biofilm process）は浮遊微生物法（活性汚泥法）と異なり，固液分離→返送，という操作をすることなく，微生物を系内に保持することができるのが大きな特徴である。担体は，板状のプラスチック，砕石，網目状の繊維など，金属以外はほとんどの材料を用いることができる。特別な操作をすることなく，微生物自らの力で担体に付着し増殖させることができ，過度に増殖した微生物膜は自然にはく離して，処理水とともに系外に排出されるので，これを沈殿池などで処理水と分離させることが必要となる。維持管理をするうえで特別の操作は少ないものの，系内の微生物量（付着微生物膜の量）を制御することは困難であり，いわばなりゆきに任せて処理をすることになる。

〔1〕 **接触酸化法**　　**接触酸化法**（contact oxidation process）は，微生物を付着させる接触材（担体）を反応槽に浸漬させ，付着生物の増殖に必要な溶存酸素をばっ気によって供給させるものである。**図6.31**は，担体としてひも状の接触材を用いた例を示している。そのほかにもチューブ状，網状，中空のボール状のものなどさまざまな担体が用いられるが，占有する容積に比べて表

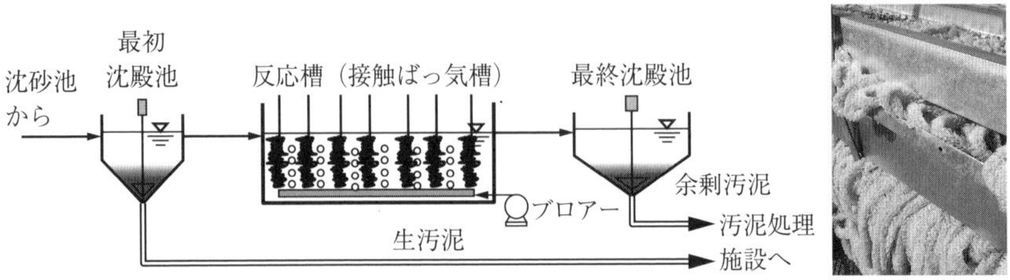


**図6.31**　接触酸化法のフロー例（ひも状担体を用いた場合）

面積の大きい形状のものを用いると，容積当りの微生物の保持量を多くすることができる。反応槽からはく離する微生物膜はその後段の最終沈殿池で固液分離するが，活性汚泥法と異なり，反応槽に返送する必要はない。維持管理が容易なので，小規模処理場で採用されることが多いが，高負荷で運転すると生物膜が肥大化して，担体の閉塞を招くことがある。

本法のカテゴリーには入らないが，回転する合成樹脂の円盤を用いる回転円盤法や，砕石やプラスチック製のろ材を敷き詰めたろ槽の上部から下水をシャワーのように散布させる散水ろ床法も，反応槽におけるブロアーによるばっ気がないだけで，原理やフローは同様のものである。

〔2〕 **好気性ろ床法**　**好気性ろ床法**（aerobic filter bed process）は**図6.32**に示すように，3～5 mm 程度のアンスラサイトなどのろ材を充てんしたろ床の上部から，最初沈殿池からの流出水を流し，ろ材間を通過する際にろ材の表面に付着した微生物によって溶存した有機物の酸化分解と微細なSSの捕捉を同時に行うもので，微生物に必要な溶存酸素はろ材の下部から供給する。増殖した微生物や捕捉したSSによるろ床の閉塞に対しては，定期的な下部からの逆流洗浄や空気洗浄により対応し，逆流洗浄排水は最初沈殿池へ返送して除去する。

おもに小規模な処理場で採用されるが，ろ過速度は25 m/日程度以下で設計する。

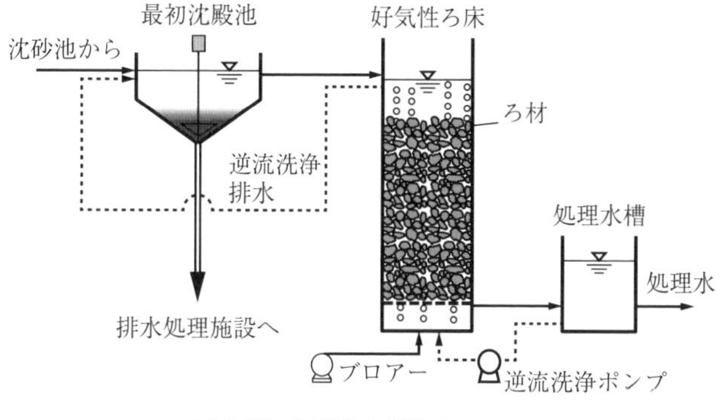


**図6.32**　好気性ろ床法のフロー

**コ　ラ　ム**

**散水ろ床法―日本で最初の下水処理―**

明治 14 年（1881 年），日本で最初の下水道施設（管路のみ）が横浜で導入され，下水排除がなされるようになった。その後，大正 11 年（1922 年），東京の三河島処理場（**図 1**）にてわが国で初めて下水処理が開始されるに至ったが，散水ろ床法という生物膜法によるものであった。

図 1　三河島処理場（当時）

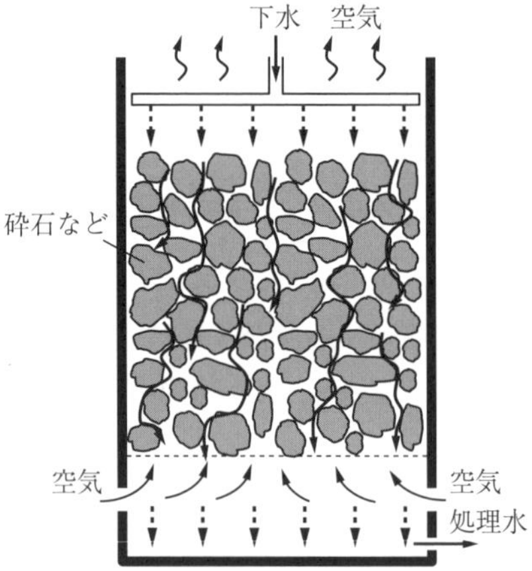


図 2　散水ろ床法の原理

**散水ろ床法**（trickling filter）とは，池の中に 3 ～ 10 cm 程度の砕石などのろ材を 1.5 ～ 2 m 程度充てんし，ろ材の上部から散布された下水が，空気中の酸素を取り込みながら，ろ材に付着した生物膜の表面を滴り落ちて処理されるものである（**図 2**）。通常，下水温度は外気温より高いので，ろ床内の空気は上昇し，空気の循環がなされる。維持管理が容易，消費電力が小さいなどの長所があるが，臭気やろ床ハエの発生，処理水質が悪いなどの短所もあり，わが国では，本法の処理場は 1976 年には 29 か所で稼働していたものの，2021 年現在，わずかに旧伊香保町（現 渋川市）における処理場のみが唯一稼働している。

# 6.3 汚 泥 処 理

## 6.3.1 汚泥の分類と発生量

水処理工程から発生する汚泥は，以下のように分類される。

① 生汚泥：最初沈殿池で除去される固形物で，流入下水中のSSの40～60%程度が除去される。最終沈殿池で除去される汚泥に比べて，粒子径が大きい。

② 余剰汚泥：最終沈殿池で除去された固形物のうち系外に排出されるもの。

③ 混合汚泥：生汚泥と余剰汚泥を混合したもの。

処理系の沈殿池から排出される汚泥は，含水率が98～99%程度（固形物濃度が1～2%程度）の水状のものであり，また固形物中の有機物の含有量が70～80%程度もあるため，そのまま放置することはできない（**表6.3**）。

**表6.3**　処理方法別の汚泥発生率と汚泥濃度[1)]

| 処理方法 | 除去SS量当り汚泥発生率 | 汚泥濃度 | | |
|---|---|---|---|---|
| | | 生汚泥 | 余剰汚泥 | 混合汚泥 |
| 標準活性汚泥法 | 100% | 2～4% | 0.5～1% | 1% |
| オキシデーションディッチ法 | 75% | — | 0.5～1% | — |
| 好気性ろ床法 | 100% | — | — | 1% |
| 接触酸化法 | 93% | 2% | 0.8% | 1% |
| 膜分離活性汚泥法 | 70% | — | 0.8～1.2% | — |

**汚泥処理**（sludge treatment）の目的は，① 汚泥の減量化を図ること，② 汚泥中の有機物を無機化して性状を安定化すること，③ 汚泥中の有機物やリンなどの資源を有効活用すること，である。特に ③ は，下水中のエネルギー回収や資源回収といった観点からも，近年その重要性はますます大きくなっている。

汚泥処理施設を計画する際には，計画発生汚泥量を決定する必要がある。発生汚泥量は，理論的には，SSとして流入する固形物のうち最初沈殿池などにおいて物理的に除去された量と，流入する有機物が汚泥に転換された後に余剰汚泥として引き抜かれる量などの和であるが，実用上は以下の式を用いてもよい。

計画発生汚泥量〔固形物-t/日〕

＝計画一日最大汚水量〔$m^3$/日〕×計画流入SS濃度〔mg/L〕

×水処理全体でのSS除去率〔%〕×除去SS当り汚泥発生率〔%〕

(6.1)

計画発生汚泥量〔$m^3$/日〕

＝計画発生汚泥量〔固形物-t/日〕/汚泥濃度〔%〕/汚泥の密度〔t/$m^3$〕

(6.2)

なお，計画発生汚泥量〔固形物-t/日〕は水分を含まない乾燥状態での固形物の質量，計画発生汚泥量〔$m^3$/日〕は水分を含む湿潤状態の体積である。

### 6.3.2 汚泥処理の代表的フロー

汚泥処理工程には，濃縮工程と脱水工程はほぼ必須であり，これに加わるプロセスによって多種多様なフローがありうる。ここでは代表的な3種類を**図6.33**に示す（図では濃縮工程をイメージしやすいように重力濃縮となっているが，実際は後述する機械濃縮が多い)。

図(a)は汚泥を脱水させて処理処分する最も単純なフローであり，汚泥の減量化のみを目的とするものであり，脱水汚泥の含水率は80%程度となる。

図(b)は大都市でよく見られるフローであるが，濃縮汚泥を酸素の存在しない条件でメタン発酵させて，汚泥中の有機物の40～60%程度をメタンとして取り出して有効利用し，残りを脱水した後に焼却して，最終的には焼却灰とするものである。メタン発酵のプロセスは採用せずに汚泥を濃縮・脱水した後に焼却処分する例も多い。

図(c)は近年事例が増えているものであるが，脱水汚泥を乾燥した後に，無酸素状態で蒸し焼きにして炭化し，固形燃料として有効利用するものである。炭化せずに乾燥のみを行って燃料として利活用する例も多い。

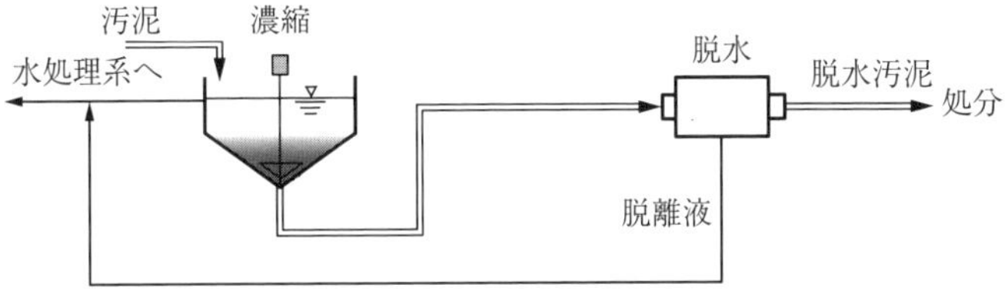


（a） 汚泥を脱水させて処理処分するフロー

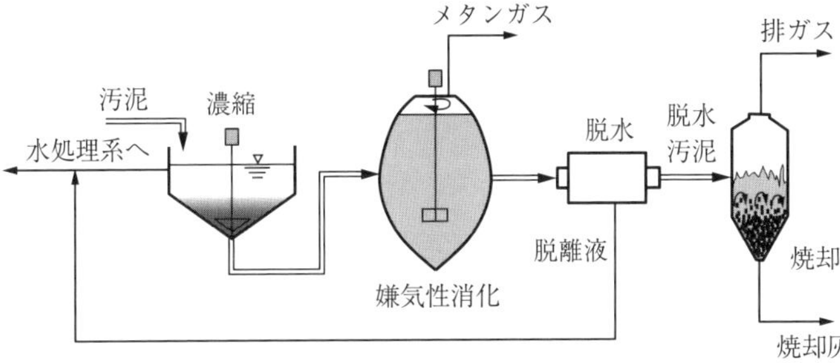


（b） 汚泥からメタンを回収した後に汚泥を焼却するフロー

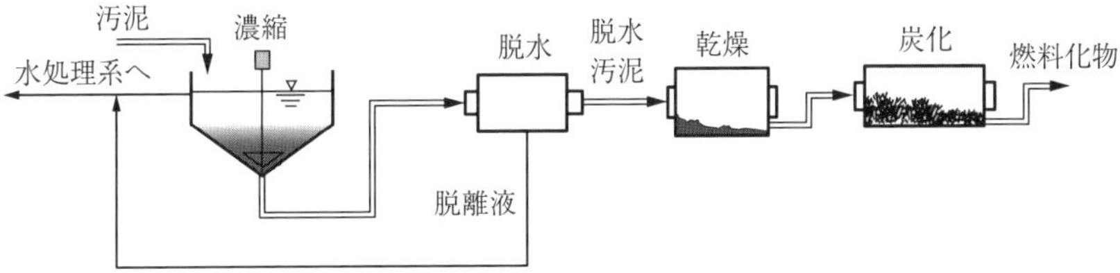


（c） 汚泥を炭化して燃料化物として利用するフロー

**図 6.33** 代表的な汚泥処理フローの例

### 6.3.3 汚 泥 濃 縮

**汚泥濃縮**（sludge thickening）は，水処理工程で発生した低濃度の汚泥を濃縮し，後段の汚泥処理工程を効果的に機能させるためもので，**表 6.4** に示すように分類される。

重力濃縮は，円形のタンク内に汚泥を滞留させ，重力を利用して汚泥を濃縮するものである。汚泥の浮上の問題があり，有機分が高い汚泥や圧密しにくい汚泥は効果が低下する。

**表6.4**　汚泥濃縮方法の種類と特徴[1]

| 分　類 | | 薬　液 | 濃縮汚泥濃度 |
|---|---|---|---|
| 重力式 | | 無薬注 | 2～4％程度 |
| 機械式 | 遠心濃縮 | 無薬注が基本 | 4～5％程度 |
| | 常圧浮上濃縮 | 高分子凝集剤＋気泡助剤 | 4～5％程度 |
| | ベルト式ろ過濃縮 | 高分子凝集剤 | 4～5％程度 |

遠心濃縮は，高速で回転する機器のなかに汚泥を投入し，その遠心力で固液分離を行うもので，重力濃縮しにくい余剰汚泥でも短時間で濃縮することができる。構造は前述の遠心脱水機と同様で，消費電力は大きくなるが，基本的には薬注が不要である。

常圧浮上濃縮は，起泡助剤により生成した気泡に，高分子凝集剤によって固形物を吸着させ，浮上させたものをかき取って濃縮・分離するものである。

ベルト式ろ過濃縮は，走行するステンレス製のベルト状に高分子凝集剤を添加した汚泥を投入し，排出側に排出される間に重力よってろ過することによって濃縮するもので，機構が簡単であることなどから，近年は採用例が多い（**図6.34**）。

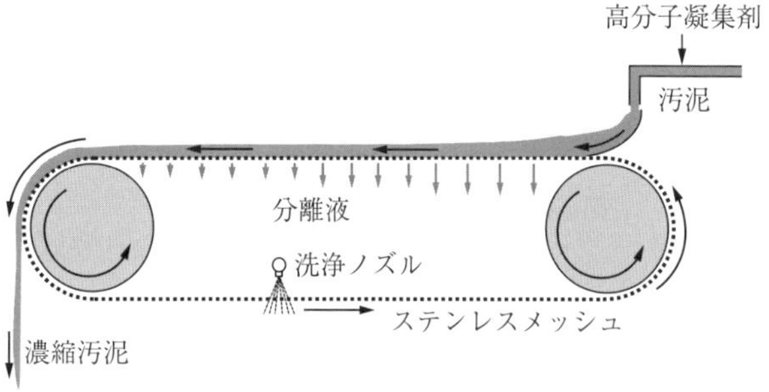


**図6.34**　ベルト式ろ過濃縮設備の例

### 6.3.4 嫌気性消化

濃縮汚泥を嫌気的状態に保たれた消化タンク内で，嫌気性微生物の働きで消化すると，汚泥中の有機物は液化およびガス化により40～60％減少し，汚泥の減量化と質の安定化，衛生性の向上を図ることができる。

**嫌気性消化**（anaerobic digestion）には中温消化（35℃程度，滞留時間：20～30日程度）と高温消化（50～55℃程度，滞留時間：10～15日程度）があり，高温消化は，消化効率は高いが，投入エネルギーが大きくなる。

タンクは密閉構造の鉄筋コンクリート製の卵形や円筒形のものが多いが，近年は鋼板製のものも採用されている（**図6.35**）。卵形は汚泥中の土砂が底部に貯まりにくい形状としたものである。かくはんはスクリューやインペラによる機械式と，消化ガスを吹き込むガスかくはん式がある。また，設定温度に保つために加温が必要である。

（a） 卵形消化槽　　（b） 鋼板製消化槽

**図6.35**　嫌気性消化タンクの例

投入汚泥の有機物1kg当り500～600NLの消化ガスが発生するが，成分はおおむね**表6.5**のようなものであり，有効利用するには必要に応じて精製が必要となる。

**表6.5**　消化ガスの成分（体積%）[1)]

| メタン | 二酸化炭素 | 水素 | 窒素 | 硫化水素 |
|---|---|---|---|---|
| 60～65% | 33～35% | 0～2% | 0～3% | 0.02～0.08% |

**例題 6.5**

計画汚水処理量 50000 $m^3$/日，計画流入 BOD 濃度 200 mg/L，同 SS 濃度 200 mg/L の標準活性汚泥法の下水処理場（例題 6.4 と同条件）において，汚泥を嫌気消化（中温消化）したい。必要となる消化槽の容積を求めよ。計算に必要な数値は各自で適当な数値を設定すること。

**解答**

除去 SS 当りの汚泥発生率を 100%，濃縮汚泥濃度を 4%，中温消化に必要な滞留時間を 30 日とする。

一日当りの発生濃縮汚泥量＝流入 SS 濃度×除去率×流入汚水量×除去 SS 量当り汚泥発生率/濃縮汚泥濃度で得られるから，SS 除去率を 95%，除去 SS 当り汚泥発生量を 100%とすると

$$(200\ \mathrm{mg/L}) \times 0.95 \times (50000\ \mathrm{m^3/日}) \times 1.00/0.04 = 237500\ \mathrm{kg/日}$$

の余剰汚泥が発生する。余剰汚泥の密度を 1040 kg/$m^3$ とすると，必要な消化槽容積は以下のようになる。

$$(237500\ \mathrm{kg/日})/(1040\ \mathrm{kg/m^3}) \times (30\ 日) \fallingdotseq 6900\ \mathrm{m^3}$$

■

### 6.3.5 汚　泥　脱　水

濃縮汚泥や消化汚泥の含水率は 96～98%の液状なので，これを含水率 80%程度まで脱水してケーキ状とすれば体積が 1/5～1/10 となって取扱いが容易となる。下水汚泥の脱水は高分子凝集剤を添加する機械式が用いられ，さまざまな方式があるとともに技術革新も速い。おもな**汚泥脱水**（sludge dewatering）の方式と薬品添加率および脱水汚泥の含水率を**表 6.6** に示す。

**表 6.6**　脱水方式別の薬品添加率および脱水汚泥の含水率（機械濃縮したものを脱水する場合）[1)]

| 脱水方式 | 薬品添加率（固形物重量当り％） | | 含水率 | |
|---|---|---|---|---|
| | 混合生汚泥 | 消化汚泥 | 混合生汚泥 | 消化汚泥 |
| スクリュープレス | 1.0～1.2% | 1.6～1.7% | 76～79% | 81～83% |
| ベルトプレス | 1.0～1.2% | 1.6% | 76～79% | 79～81% |
| 遠心脱水 | 1.0～1.2% | 1.5～1.6% | 76～79% | 79～81% |

〔1〕 **スクリュープレス**（screw press type）　高分子凝集剤により調質された凝集汚泥を，金属製の外筒スクリーンのなかに設置したスクリューを低速度で連続回転させた状態でなかに供給すると，外筒内とスクリュー軸との間の空間は先にいくほど狭くなるため，スクリューの回転によって移動する汚泥は次第に圧搾され，汚泥中の間隙水が外筒の微細な孔から排出されて脱水される。構造がシンプルで設置面積が小さく，騒音や振動も少ない（**図6.36**）。

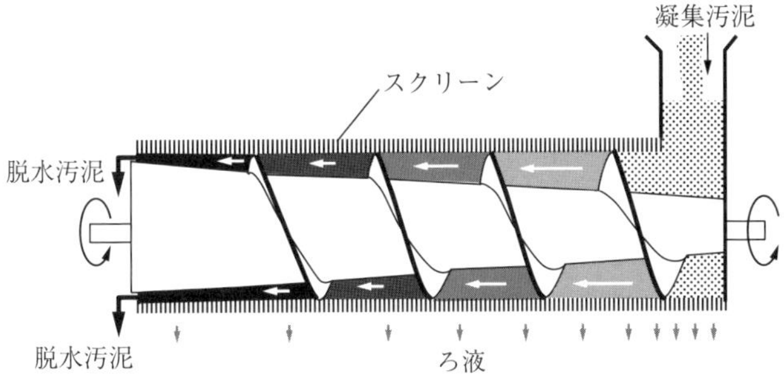


**図6.36**　スクリュープレス式脱水機の概要

〔2〕 **ベルトプレス**（belt press type）　高分子凝集剤と混合して造粒された凝集汚泥は，まず金属メッシュの上で重力によって予備脱水された後，2枚の合成繊維製のろ布の間に挟まれて圧搾脱水される仕組みとなっている。設置面積は比較的大きいが，騒音や振動は少ない（**図6.37**）。

〔3〕 **遠心脱水**（centrifugal dewatering）　汚泥に高分子凝集剤を添加して，1500～3000 G の加速度を与える回転筒に投入して脱水するものである。差速装置によって回転筒よりも緩やかに回転する（2～10 $\mathrm{min}^{-1}$ 程度の速度差）スクリューコンベアによって，汚泥は遠心力によって圧密されながら移動し脱水ケーキとして排出される。分離液は，排出口に設置された越流堰からオーバーフローする。設置面積は小さく，大量の汚泥を脱水できるが，使用電力は比較的大きく，スクリューの摩耗や振動・騒音の発生に注意が必要である。**図6.38** は，回転筒が円筒部と円錐部で構成されるデカンター型であるが，すべて円筒状の直胴型もある。

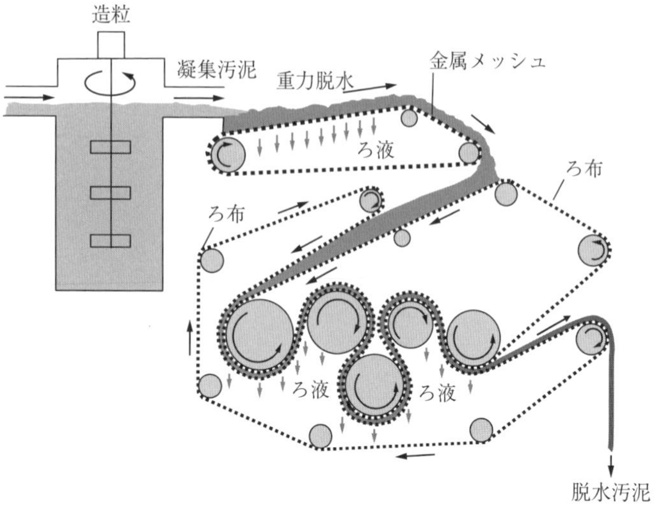


**図 6.37**　ベルトプレス式脱水機の一例

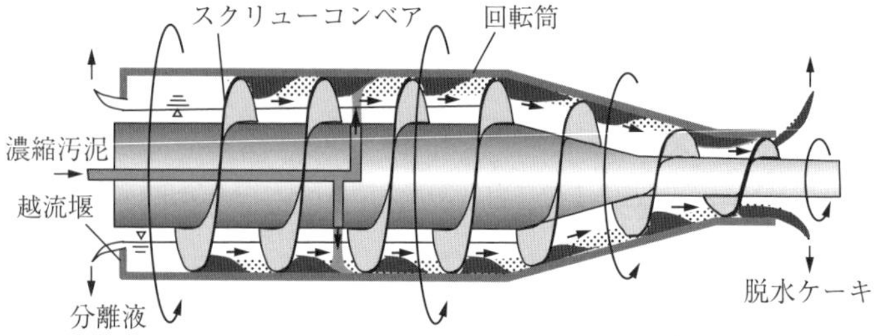


**図 6.38**　脱水機（デカンター型）の概要

### 6.3.6 汚 泥 焼 却

**汚泥焼却**（sludge incineration）は脱水汚泥の減量化と安定化を目的として高温場で空気を供給して燃焼させるものであり，流動焼却炉の採用が多く，ごみの焼却で広く採用されている階段式ストーカ炉の採用は少ない。

**図 6.39** に流動焼却炉の例を示す。一般に立型中空円筒形で，本体は耐火れんがなどを内張した鋼板製シェル構造である。炉内の流動層を形成する流動媒体（珪砂）は分散パイプから吹き上げられる高温空気によって沸騰状態のような挙動をして炉内を流動し，補助燃料によって熱せられる。炉に供給された脱

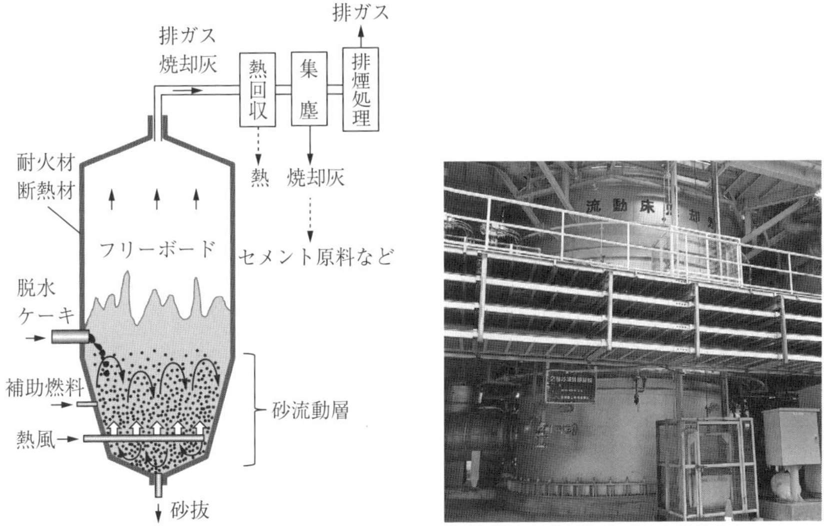


図 6.39　流動焼却炉の例

水汚泥は流動媒体と接触して瞬時に熱分解され，焼却灰は未燃分のガスが燃焼するフリーボード部へ舞い上がり，細かい粒子となって燃焼ガスとともに集塵装置によって捕集される。フリーボード部での燃焼温度は850℃程度とし，温暖化ガスである $N_2O$，ダイオキシン類などの生成を抑制するようにする。

炉からの排ガスは800℃以上であり，排熱を回収して燃焼用空気の余熱などに利用する。排ガスのなかには，焼却灰の粒子である煤塵が含まれるため，バグフィルターやセラミックフィルターなどで集塵し，排ガス中の硫黄酸化物，窒素酸化物，塩化水素を吸収除去するために，アルカリ溶液による洗浄などを行う。

### 6.3.7　汚泥の有効利用

**図 6.40** におもな汚泥処理工程と汚泥有効利用工程，および有効利用先を示す。濃縮汚泥は直接，あるいは消化工程を経て脱水工程に向かい，そこから，① 焼却工程を経て建設資材などとして，② 堆肥化工程を経て農地へ，③ 乾燥工程を経て農地へあるいは燃料として，④ 炭化工程を経て燃料として，などの

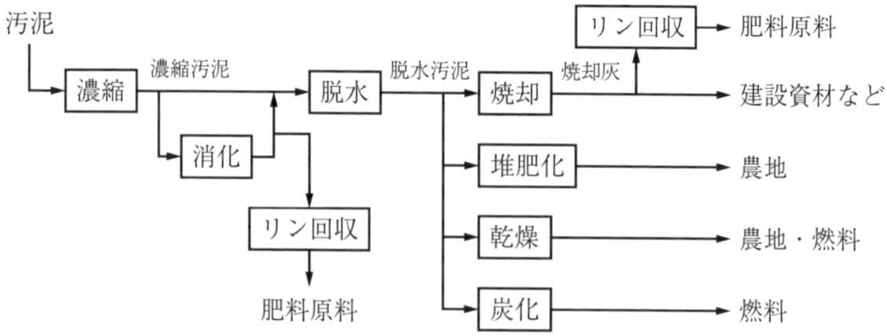


**図 6.40**　おもな汚泥処理工程と汚泥有効利用

プロセスで有効利用される。また，消化を経た濃縮汚泥，あるいは焼却灰からのリン回収も行われている。

なお，肥料として利用する際は，有害成分の許容量が肥料取締法に基づいて定められている（**表 6.7**）。

**表 6.7**　肥料取締法に基づく普通肥料の有害成分の最大値

| 元　素 | As | Cd | Hg | Ni | Cr | Pb |
|---|---|---|---|---|---|---|
| 許容量〔%〕 | 0.005 | 0.0005 | 0.0002 | 0.03 | 0.05 | 0.01 |

〔1〕 **堆　肥　化**（composting，**コンポスト**）　下水汚泥中の易分解性有機物を好気的条件下で微生物によって分解（発酵）させるもので，グルコース，アミノ酸，脂肪などに低分子化し，最終的には炭酸ガス，アンモニア，無機塩類，水にまで分解する。65℃以上の発酵温度によって水分の蒸発と，病原微生物などの死滅や不活化を達成できる（**図 6.41**）。

〔2〕 **汚泥乾燥**（sludge drying）　汚泥を乾燥させて，粉状あるいは粒状化するものである。回転ドラム内で500～800℃程度の熱風と接触させる回転乾燥などの方法がある。

〔3〕 **汚泥炭化**（sludge carbonization）　汚泥を無酸素状態で加熱処理して炭化させるもので，おもに燃料として利用されるが，土壌改良剤として利用することもある。脱水汚泥を直接，あるいは所定の含水率まで乾燥させてから，ロータリーキルンなどで炭化する（**図 6.42**）。炭化温度によって，低温炭化（250～350℃），中温炭化（400～600℃），高温炭化（600～800℃）に分

**図 6.41**　汚泥堆肥化施設（切返しなどをトラクターショベルで行うもの）

**図 6.42**　汚泥炭化炉

けられる。低温炭化では，生成される炭化物の熱量は高いが，臭気の問題があり，高温炭化では，逆に炭化物の熱量は低いものの，補助燃料の利用量も少なく，ほぼ無臭である（演習問題〔6.4〕参照）。

〔4〕 **リン回収**（phosphorus recovery）　嫌気性消化タンクからの脱離液，あるいは脱水工程からの分離液からリンを回収するものである。

リン酸として回収する方法は，焼却灰とリン鉱石を混合し，硫酸と混合してリン酸液を回収するものである。リン鉱石の主反応は下記のとおりである。

$$Ca_5F(PO_4)_3 + 5H_2SO_4 + 5n\mathrm{II}_2O \rightarrow 3H_3PO_4 + 5(CaSO_4 \cdot nH_2O) + HF$$

（リン鉱石）　　（リン酸）　　（石膏《こう》）

HAP 法は，カルシウムを添加して，下記の反応によってヒドロキシアパタイト（HAP）を得るものである。

$$10Ca^{2+} + 2OH^- + 6PO_4^{3-} \rightarrow Ca_{10}(OH)_2(PO_4)_6$$

MAP 法は，マグネシウムを添加し，下記の反応によってリン酸マグネシウムアンモニウム（MAP）を得るものである。MAP 原水の配管や循環ポンプなどにも MAP が析出して閉塞を生じるので注意が必要である。

$$Mg^{2+} + NH_4^+ + PO_4^{3-} \rightarrow Mg(NH_4)(PO_4)$$

## 6.4　水　再　利　用

### 6.4.1　水再利用の概要

水資源がひっ迫している地域では，水循環系において**水再利用**（water reuse）を行っている例が増えている。**図 6.43** は水再利用システムの概要を示したものである。

大きく分けて，個別循環と広域循環の 2 種類があり，個別循環は，図に示すようにオフィスビルや工場・事業場の原位置において排水処理を行い，再び同一場所において再利用を行うものである。オフィスビルでは通常，厨房排水などを処理した後にトイレのフラッシュ用水として利用し，工場・事業場においても，冷却や洗浄に用いた水を処理後に再び同一用途，あるいは別の用途に再利用する例は多く，日本全国における工業用水の再利用率はおよそ 80％にも達する[2)]。

広域循環は，下水処理場において通常処理（活性汚泥法など）の処理水をさらに高度処理をし，オフィスビルのトイレフラッシュ用水をはじめ，さまざまな用途に利用するものである。なお，親水用水は，レクリエーションとしての利用を主目的として人が触れることを前提にする用途，修景用水は，景観維持が主たる目的で，人との接触を想定しないものである（演習問題〔6.5〕参照）。

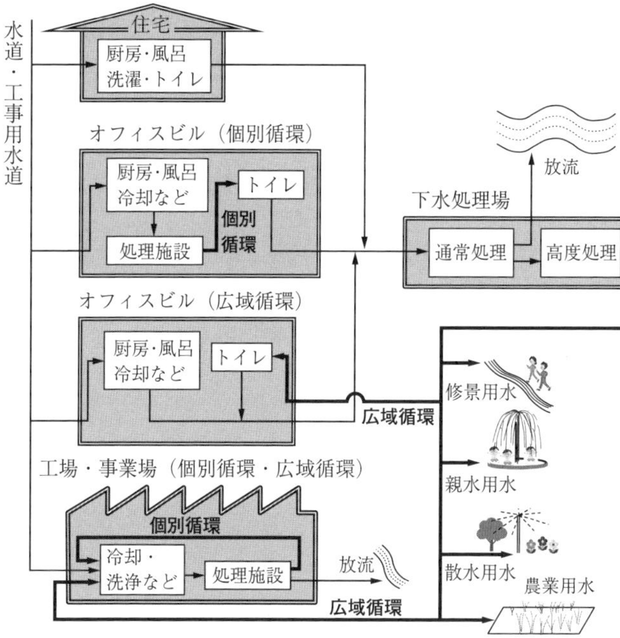


**図 6.43** 水再利用システムの概要

### 6.4.2 再生水の水質基準

**表 6.8** に，下水処理水の再生利用の用途別の水質基準および再生利用の用途として想定される農業用水，工業用水の基準を示す（参考として水道水質基準の該当する水質項目の値を併記する）。

水洗用水，散水用水，親水用水は，おおむね水道水質基準を参考にして設定されており，人との接触を前提として基準が定められ，修景用水は河川の水質基準を参考に定められている。農業（水稲）用水は，窒素過多による障害の防止や安全性などを目的に，工業用水は，おもに炭酸塩やケイ酸塩などのスケールの発生や管路の腐食の防止などを念頭に基準が定められている。

**表 6.8**　わが国における再生水および農業用水・工業用水の水質基準

| 用　途 | 水洗用水*1・散水用水*1 | 修景用水*1 | 親水用水*1 | 農業用水*2 | 工業用水*3 | 水道水質基準（参考） |
|---|---|---|---|---|---|---|
| 大腸菌 | 不検出 | 大腸菌群数 1000 CFU/100 mL | 不検出 | — | — | 不検出 |
| 濁度 | 2度 | | | — | 20度 | 2度 |
| pH | 5.8〜8.6 | | | 6.0〜7.5 | — | 5.8〜8.6 |
| 色度 | — | 40度 | 10度 | — | — | 5度 |
| 残留塩素*4 | 0.1 mg/L（遊離） | — | 0.1 mg/L（遊離） | — | — | 0.1 mg/L（遊離） |
| 施設基準 | 砂ろ過または同等以上 | | 凝集沈殿＋砂ろ過または同等以上 | — | — | — |
| 臭気・外観 | 不快でないこと | | | — | — | 臭気：異常でないこと |
| COD | — | | | 6 mg/L | — | — |
| SS | — | | | 100 mg/L | — | — |
| DO | — | | | 5 mg/L | — | — |
| T-N | — | | | 1 mg/L | — | — |
| 電気伝導率 | — | | | 0.3 mS/cm | — | — |
| ヒ素 | — | | | 0.05 mg/L | — | 0.01 mg/L |
| 亜鉛 | — | | | 0.5 mg/L | — | 1 mg/L |
| 銅 | — | | | 0.02 mg/L | — | 1 mg/L |
| アルカリ度 | — | | | — | 75 mg/L | — |
| 全硬度 | — | | | — | 120 mg/L | 300 mg/L |
| 蒸発残留物 | — | | | — | 200 mg/L | 500 mg/L |
| 塩化物イオン | — | | | — | 80 mg/L | 200 mg/L |
| 鉄 | — | | | — | 0.3 mg/L | 0.3 mg/L |
| マンガン | — | | | — | 0.2 mg/L | 0.05 mg/L |

*1　下水処理水の再利用水質基準等マニュアル（平成17年 国土交通省）
*2　農業（水稲）用水基準（昭和45年3月 農林水産省）
*3　工業用水供給標準水質（昭和46年 日本工業用水協会）
*4　表中の値は 0.1mg/L（遊離）または 0.4 mg/L（結合）

### 6.4.3　水再利用の処理システム

再生水の製造のためには，表 6.8 に示す基準などを参考にしながら処理システムを構築することになる。**図 6.44** に，下水処理水から再生水を製造する代

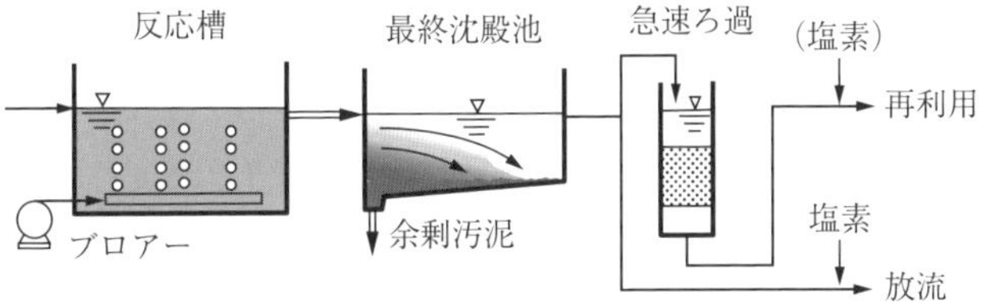


（a） 修景用水などの用途を想定した処理システム
（一部を高度処理）

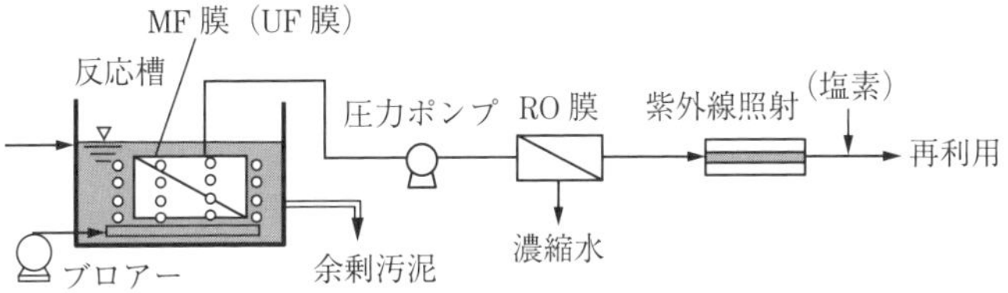


（b） 工業用水の用途を想定した処理システム

**図 6.44** 下水処理水から再生水を製造する処理システム例

表的なプロセス例を示す。

図(a)は，活性汚泥法の処理水の一部のみを砂ろ過することによって，SS，BOD などの処理水質を向上させる比較的簡便なもので，用途によっては塩素消毒を行う。急速ろ過の代わりに MF や UF 膜による膜分離もよく用いられる。

**図 6.45** 再生水製造用の RO 膜ユニット（シンガポール）

図(b)は，SSをほとんど含まないなど処理水質が優れている膜分離活性汚泥法の後段にRO膜（**図6.45**）を置いて溶存物質の除去を行い，さらに水質の衛生学的な安全性を担保する目的で紫外線照射を行うものである。用途によってはさらに塩素消毒を行うが，工業用水目的の場合はこれを行わない。

## 6.5　分散型排水処理システム（浄化槽）

### 6.5.1　分散型排水処理システムの概要

下水道システムは，長大な管路と処理施設より構成されるが，人口密度の小さい地域では，一人当りの管路延長が長くなり，特に建設コストが増大してしまう。下水道が普及する前，あるいは下水道の未普及地域においては，し尿や生活排水の処理システムとして，くみ取し尿とし尿処理場，および浄化槽が大きな役割を担ってきている。

浄化槽から発生する汚泥およびくみ取便槽からのし尿は都市ごみなどと同じ一般廃棄物に分類され，バキュームカーによって収集され，し尿処理場にて処理された後に放流される。

かつて，浄化槽には，水洗便所排水のみを対象とする単独処理浄化槽と，生活雑排水も対象とする合併処理浄化槽があったが，2001年の浄化槽法の改正によって合併処理浄化槽のみを浄化槽と呼び，単独処理浄化槽は新設を原則禁止として，「みなし浄化槽」というようになった。

### 6.5.2　浄化槽の種類

浄化槽は処理能力の大きさで**表6.9**のように分類される。浄化槽の構造は，国土交通大臣が定めた構造方式（構造例示型）または大臣の認定を受けたもの（性能評価型）に分けられるが，戸建て住宅に設置される小型浄化槽は，技術革新が進み性能評価型が全体の9割以上を占めている。

浄化槽は処理能力によって，おもに**表6.10**のように分類される。

**表 6.9**　浄化槽の処理能力による分類

| 規　模 | 処理対象人 | 特　徴 |
|---|---|---|
| 小型浄化槽 | 戸建て住宅および 50 人槽以下 | FRP 製の工場生産品が多い |
| 中型浄化槽 | 51～500 人槽 | FRP 製の工場生産品および RC 製の現場設置型 |
| 大型浄化槽 | 501 人槽以上の大規模集合処理 | RC 製の現場設置型が多い |

**表 6.10**　浄化槽の処理能力

| | BOD | T-N | T-P |
|---|---|---|---|
| BOD 除去型 | 20 mg/L 以下 | — | — |
| 窒素・リン除去型 | 20 mg/L 以下 | 20 mg/L 以下 | 1 mg/L 以下 |
| 膜分離型 | 5 mg/L 以下 | — | — |

### 6.5.3　浄化槽の処理システム

戸別浄化槽の一般的なものとして**図 6.46** に BOD 除去型の嫌気ろ床接触ばっ気方式の構造例を示す。

嫌気ろ床では，汚水がろ材を通過する際に固形物を分離・貯留するとともに

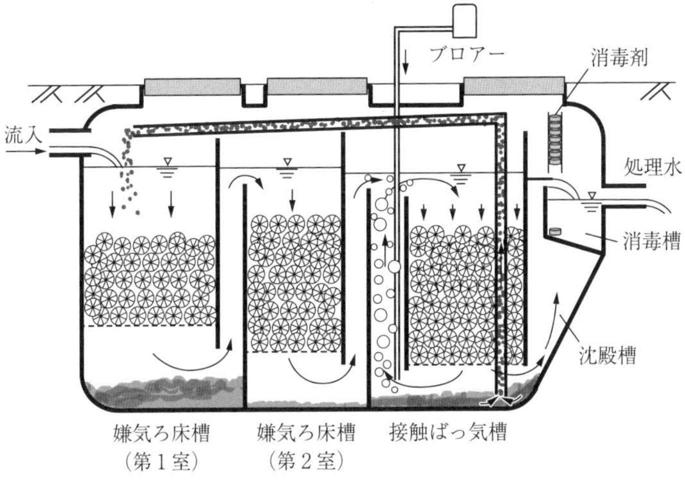


**図 6.46**　浄化槽（嫌気ろ床接触ばっ気方式）の構造例

有機物を微生物により分解する。接触ばっ気槽では，好気性微生物によって有機物を分解し，はく離した微生物は沈殿槽によって沈降分離させる。沈殿槽において，上澄水は消毒した後に処理水として放流し，沈降汚泥はエアリフトによって嫌気ろ床槽に戻され貯留される。

浄化槽が所定の性能を発揮させるために，浄化槽使用者に，水質検査（法定検査），機器類の点検，消毒剤の補充などの定期的な保守点検（年3回以上だが，処理方式などにより異なる）と，蓄積した汚泥を排出する清掃（毎年）を義務づけている（通常は専門業者に委託する。演習問題〔6.6〕参照）。

## 6.6　工場排水処理

### 6.6.1　工場排水の質と処理対象物質

工場・事業場における排水は，事業場の規模および排水の質という点から，おおむね**表6.11**のように分類できる。

**表6.11**　おもな工場・事業場排水の分類

| 業　種 | 排出源 | 除去対象物質 | 除去プロセス |
| --- | --- | --- | --- |
| 鉄鋼業 | 冷却水 | SS（酸化鉄）・油分 | 油分分離，<br>沈殿・ろ過 |
| | コークス炉ガス<br>精製排水（安水） | シアン・フェノール・<br>アンモニア | 活性汚泥法など |
| | 表面処理加工排水 | 重金属・シアン処理 | 有害物質処理 |
| 製油所 | プロセス排水・<br>タンク排水など | 油分 | 油分分離<br>活性汚泥法 |
| 紙・パルプ | 抄紙工程など | BOD，SS | 活性汚泥法 |
| 食品工業 | 洗浄・製造工程 | BOD，SS | 活性汚泥法<br>嫌気性処理 |

工場・事業場からの排水は大きく分けて有機物・SSと有害物質に分けられる。有機物の処理は，原理的には下水処理と同じ活性汚泥法が広く用いられ，また，油分の除去には，浮上分離などがよく用いられる。有害物質の処理は処理対象物質によって詳細は異なるが，おもなものについて以下に説明する。

### 6.6.2 重金属排水の処理の概要

重金属類の処理は，基本的には凝集・沈殿・吸着などの方法によって水中より排除するものである。

〔1〕 **水酸化物法**（hydroxide precipitation method）　重金属排水に水酸化ナトリウムや消石灰などのアルカリ剤を添加すると，金属の水酸化物が沈殿するので，この方法で大部分の有害な重金属（Cd，Pb，Cr（Ⅵ））の処理が可能である。**図 6.47** は種々の金属の溶解度と pH との関係を示したもの（溶解度曲線）である。Cr（Ⅵ），Al，Zn などは両性金属と呼ばれ，pH が高くなると再び再溶解する性質を持つので注意が必要である（両性元素）。

**図 6.48** は Cr（Ⅵ）の処理フロー例である。酸性条件にて亜硫酸塩によって Cr（Ⅲ）に還元した後，NaOH を添加して水酸化クロムとし，沈殿，ろ過に

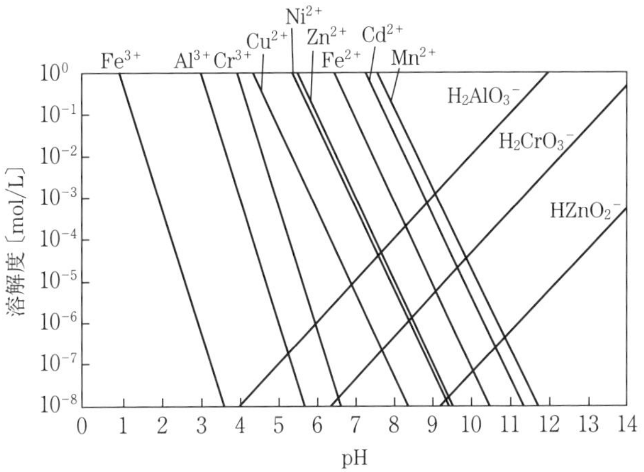


**図 6.47** 種々の金属の溶解度曲線

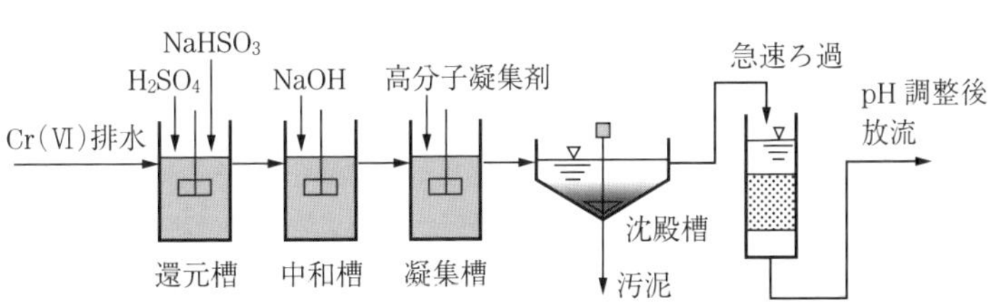


**図 6.48** Cr（Ⅵ）排水の処理フロー例

よってこれを除去するものとなっている。

〔2〕 **共　沈　法**　鉄（Ⅲ）やアルミニウムなどの凝集剤を添加して，処理対象重金属などの微細フロックやイオンを共沈剤に包含あるいは吸着させることによって水酸化物法の効率を上げるものである。As，Se などもこのような機構によって沈殿除去することができる。

〔3〕 **硫 化 物 法**（sulfide precipitation method）　硫化ナトリウムなどを添加し，重金属の硫化物の溶解度が低いことを利用するものであるが，水銀の処理に用いられる。

〔4〕 **アルカリ塩素法**（alkaline chlorination，**シアン排水処理**）　シアン排水の処理に広く適用されているもので，アルカリ性で塩素を添加する工程と，ついで pH を中性にしてさらに塩素を添加することにより，下記の反応式によって $N_2$ と $CO_2$ に分解するものである。

第 1 段階（pH 10 以上）

$$NaCN + NaClO \rightarrow NaCNO + NaCl$$

第 2 段階（pH 7 ～ 8）

$$2NaCNO + 3NaClO + H_2O \rightarrow N_2 + 3NaCl + 2NaHCO_3$$

**例題 6.6**

濃度 10 mg/L，流量 100 $m^3$/日のシアン排水をアルカリ塩素法で処理して，一律排水基準に適合させるためには，理論上，次亜塩素酸ナトリウム（有効塩素濃度 12%）は一日当りどれだけ必要か。

**解答**

アルカリ塩素法における反応は全体として

$$2NaCN + 5NaClO + H_2O \rightarrow N_2 + 5NaCl + 2NaHCO_3$$

となるので，CN 1 mol 当り NaClO は 2.5 mol 必要となる。CN の排水基準は 1 mg/L なので，必要となる NaClO は以下のようになる。

$$((10\ \mathrm{mg/L}) - (1\ \mathrm{mg/L})) \times (100\ \mathrm{m^3/日}) \times (1\ \mathrm{mol}/26\ \mathrm{g}) \times (2.5\ \mathrm{mol/mol})$$
$$\times (71\ \mathrm{g/mol})/0.12 = 51.2\ \mathrm{kg/日}$$

## 演 習 問 題

〔6.1〕 図6.5の急速ろ過方式の処理フローにおいては，濃縮あるいは脱水の工程から発生する上澄液やろ液を着水井に戻るようになっている。しかしながら，そのようなことをせずに河川に放流することも可能ではある。図のようなフローにすることのメリットとデメリットを考えよ。

〔6.2〕 膜浄水方式において，ケーシング型に比較して槽浸漬型を用いることの特徴を考えよ。

〔6.3〕 膜分離活性汚泥法（MBR）は多くの長所を持つものの，これまでのところ，中国などの海外と比較してわが国ではそれほど多くの適用例がない。その理由としてはどのようなことが考えられるか。

〔6.4〕 汚泥を炭化して燃料化物としたり，堆肥化して農地で利用することにはさまざまなメリットがあるが課題も多い。炭化あるいは堆肥化プロセスが安定して運転されるという前提で，建設や維持管理にかかわるコスト以外に，最も大きな課題は何か考えよ。

〔6.5〕 水再利用において広域循環に比較して個別循環が有利な点は何か。

〔6.6〕 戸建て住宅などに用いられる小型浄化槽が処理性能を発揮するための大きな課題としては何があるか。

# 引用・参考文献


## 1章

1) 林　泰造：基礎水理学，鹿島出版会（1996）
2) 日野幹夫：明解水理学，丸善（1983）
3) 徳平　淳，宇井　純，市川　新，近藤準子：衛生工学者のための水質学（11）—Ⅱ　水質学各論—，用水と廃水，**12**，2，pp.90-100（1970）

## 2章

1) 東京都都市計画局総合計画部都市整備室 編：東京都水循環マスタープラン：望ましい水循環の形成を目指して，東京都（1999）
2) 令和2年版 日本の水資源の現況，国土交通省（2020）
3) 流域別下水道整備総合計画調査：指針と解説，第10版，日本下水道協会（2008）
4) 環境省：平成30年度公共用水域水質測定結果について http://www.env.go.jp/press/107577.html（2021年9月現在）

## 3章

1) 水道施設設計指針2012，日本水道協会（2012）
2) 水道統計「平成30年度」，日本水道協会（2020）
3) 令和2年版 日本の水資源の現況，国土交通省（2020）
4) 下水道施設計画・設計指針と解説2019年版，日本下水道協会（2019）

## 4章

1) 下水道施設計画・設計指針と解説2019年版，日本下水道協会（2019）

## 5章

1) 丹保憲仁，亀井　翼：水処理における処理性評価マトリックス，水道協会雑誌，**62**，9，p.28（1993）
2) 井出哲夫 編著：水処理工学—理論と応用—（第2版），技報堂出版（1995）

3) 有限責任中間法人膜分離技術振興協会・膜浄水委員会監修：浄水膜（第2版），技報堂出版（2008）（表5.4）

## 6章

1) 下水道施設計画・設計指針と解説 2019 年版，日本下水道協会（2019）
2) 令和 2 年版 日本の水資源の現況，国土交通省（2020）

# 演習問題解答

## 1章

〔1.1〕 式 (1.3) に数値を代入すると，摩擦損失水頭 $h_f=0.54$〔m〕となるので，これだけの圧力水頭差が必要となる。

〔1.2〕 水道水中の濁り成分は非常に微細な粒子が微量に存在することに起因するものがほとんどで，下水のように見た目で濁りがあるという状況とは大きく異なる。SS の測定のように，1 µm のろ紙でろ過した残渣物の質量を測定するという方法では，すべての対象粒子を補足できない可能性もあり，また測定感度も非常に悪くなる。

〔1.3〕 水中にアンモニア態窒素が存在すると BOD として計測されてしまい，有機物指標としてはふさわしくない。また，汚濁された水を計測する場合は，ある程度の精度が期待されるが，清澄な水については，測定感度が悪くなる。そのため水道水質基準では BOD は用いられない。

〔1.4〕 カリウムは通常，環境水中に豊富に存在するため，カリウム濃度が植物プランクトンの増殖にとって制限因子となることはないため，水環境保全のために規制する必要はないからである。

〔1.5〕 浄水場における消毒が不十分であることがまず考えられる。また，わが国では考えられないが，浄水場の出口では消毒が完全であったとしても，浄水場から利用者までの間の管路で欠陥があり，ふん便などが含まれる汚水が混入してしまったことも考えられる。

〔1.6〕 さまざまな理由が考えられるが，河床に沈殿していた固形物状の有機物（ヘドロ状になることも多い）が，河川流速が大きくなることによって巻き上がり，そこで微生物によって分解作用を受けると同時に酸素が消費される，というメカニズムが考えられる。

〔1.7〕 底泥からの窒素，リンの溶出を抑えるためである。

## 2章

〔2.1〕

横浜市：相模川流域，酒匂川流域

福岡市：筑後川流域

神戸市：淀川流域　　など

〔2.2〕

メリット：地震などの災害時に，上水道システムの管路や浄水場などが被害を受けても，水を供給し続けることができる可能性がある。

デメリット：上水道事業にとっては，給水区域全体に水の供給をするために必要な管路インフラを整備したにもかかわらず，料金収入が減少するために，起債の償還費や管路更新に必要な資金の確保が難しくなる。

〔2.3〕 流域下水道は，大口径で長距離の管きょ整備が必要となるので管きょの建設費は大きくなる。一方，下水処理場は集約されているため，処理場の建設コストおよび維持管理コストは小さくなる。また，河川への処理水の放流が下流になるので，河川水質の保全を図ることができるが，下水処理水の河川への補給がなくなるので河川流量が小さくなるという問題点もある。

〔2.4〕 規制の対象である藻類中の窒素とリンの含有量の比がおおむねそのような比率となっており，藻類によるT-NおよびT-Pの摂取量も同じ比率になるため。

〔2.5〕 窒素およびリンの規制が十分に進んでおらず，富栄養化が原因となる藻類増殖を十分に抑制できていないため。

## 3章

〔3.1〕 長所は，上流ほど河川水質が良好なので浄水場での処理プロセスが簡単で済み，水道水の味もおいしいことや，ポンプを必要としない自然流下が可能となり，省エネルギーとなることなどである。短所は，取水地点から利用者までの距離が長くなり，管路敷設のコストが高くなること，上流にいくほど河川の水量が少なくなり，取水量の確保が困難となることなどである。

〔3.2〕 増加傾向は，水洗トイレや個人宅での風呂の普及など生活様式が豊かになったことが主原因である。減少傾向は，節水意識の高まり，節水型トイレ，自動食器洗い機の普及などが考えられる。

〔3.3〕 下水管にクラックなどの隙間があり，雨天時に地盤から雨水が浸入してしまう現象や，家庭などで雨どいからの管を誤って雨水管ではなく汚水管に接続してしまう誤接合などが考えられる。

〔3.4〕 下水管きょ内には沈殿しやすい固形物が堆積することが避けられないが，降雨時に大量の雨水が管きょに流入して流量が増えると，堆積物を掃き出すために水中の汚濁物が多くなる。また，管きょに流入する前の雨水そのものも，降雨初期には地表面に堆積しているごみなどを洗い出すために汚濁物の量が多い。

## 4章

〔4.1〕 ダクタイル鋳鉄管の特徴の一つは，耐圧性が大きいことである。汚泥圧送管では耐圧性が要求されるが，それ以外の下水道の管きょは自然流下であるので耐圧性は要求されないため，ダクタイル鋳鉄管を用いる必要性はあまりなく，コンクリート管や塩化ビニル管が広く用いられている。

〔4.2〕 特に大都市部では，発進および到達の立坑の用地確保が困難であることが多い。図4.6のような水道管のための発進立坑においては，管を下ろすためのスペースを長期間にわたって確保することが必要となり，公園などを長期にわたって占有しなければならないこともある。

〔4.3〕 河川から浄水場までの間の導水施設で仮に外部からの汚染があったとしても，浄水場でしっかり処理をすればよいのだが，浄水場より下流では，外部からの汚染があると汚染した水道水をそのまま利用者に供給することになってしまう。よって，送配水施設は内部の圧力を保持する管路とする必要がある。

〔4.4〕 蛇口からの水道水の水質という視点からは，直結給水式が優れている。これは，受水槽方式では，受水槽や高置水槽において外部からの汚染による水質劣化の可能性があるからである。一方，震災時において水道システムがストップした状況を考えると，受水槽方式では受水槽に水道水を確保しているために，しばらくは水道水を供給し続けることが可能である。

〔4.5〕 雨水には砂など比較的重い固形物が混入することが考えられ，より大きな掃流力が求められるため。

## 5章

〔5.1〕 沈殿池に滞留している水の水温に比べて，流入水の水温が高くなると，流入水の比重が小さいために沈殿が生じにくくなる。

〔5.2〕 処理が不完全であると処理水に鉄の着色が残る可能性があるから。

〔5.3〕 E　ピエゾ水頭の傾きは，ろ過時における空隙の大きさに依存する。ろ過初期時はろ層中に懸濁物が保続されていないので，同じろ材の領域では直線になる。二層ろ過においてはろ層の上部のろ材が大きいため，上部のピエゾ水頭の傾きが小さくなる。よってEとなる。

〔5.4〕 塩酸（HCl）を加えると，式(5.16)の平衡が左に移動し，有害な塩素ガスが発生するため。

〔5.5〕

長所：有機物と結合して有害な有機塩素化合物を発生させることがない。水道水に塩素臭が残ることがない。

短所：塩素のように水中に長時間残存しないので，消毒効果を管路の末端まで維持することができない。

〔5.6〕 膜は定期的に薬液で洗浄することが必要であるが，塩素などの酸化剤を用いることが多いため。RO 膜で用いられる架橋ポリアミドは塩素耐性がないため，塩素を用いた薬液洗浄を行うことができない。

〔5.7〕 脱水しても固形物の量は不変であるため，例えば 1 kg の汚泥の脱水前後で水と固形物の量は**解表** 5.1 のとおりに変化するので，10%になる。

**解表** 5.1

| | 脱水前 | 脱水後 |
|---|---|---|
| 水 | 980 g | 80 g |
| 固形物 | 20 g | 20 g |
| 合　計 | 1000 g | 100 g |

〔5.8〕

有利な点：汚泥の返送が不要であり，余剰汚泥の引抜きの制御などが不要であるので維持管理が容易である。

不利な点：反応システム内の汚泥量を意図的に制御することができない，いわばなりゆき任せの処理となるため，きめ細かい処理の設定ができない。

## 6章

〔6.1〕

メリット：クローズドシステムとすることにより，河川などから取水する水を無駄なく有効に利用することができる。

デメリット：着水井に戻る水の水質は，当然に原水より悪く，また系内で循環してしまう成分が蓄積する恐れもあるので，浄水水質への影響が懸念される。

〔6.2〕 降雨時などにおいて原水の濁度が高くなった場合においても，一度膜浸漬槽に滞留させるというバッファーがあるために，比較的対応が容易である。また，既存の薬品沈殿池などを槽浸漬槽として活用し，建設コストを削減することも可能である。

〔6.3〕 MBR の最も大きな長所は，処理水の再利用が容易であることである。しか

しながらわが国では，基本的に水資源は十分な量を確保しているため，処理水の再利用のニーズが比較的少ないことが理由として考えられる。

〔6.4〕 炭化物や堆肥などの有価物を，近隣で安定して購入して利用してもらう発電施設や農地などの活用先の確保が大きな課題である。これが例えば発電の後に売電するなどの有効利用と大きく異なる点である。

〔6.5〕 処理水の輸送に必要な管路施設が少なくて済む。また，原水水質が明らかであり，処理水の用途も限定されているために，処理システムも限定化し，効率化することができる。

〔6.6〕 基本的に維持管理が個人に任されているために，維持管理が適切に行われるシステムづくりをすることが必要である。県や政令市などは検査を受けるように指導や改善命令を行うことができ，命令に反した場合の罰則も規定されているが，これらの仕組みを実効性のあるものとすることが求められている。

# 索　　引


## 【あ】

亜硝酸性（態）窒素
nitrite nitrogen 18

圧　搾
squeezing 150

アルカリ塩素法
alkaline chlorination 206

アンモニア性（態）窒素
ammonium nitrogen 18

## 【い】

一般細菌
standard plate count 21

## 【う】

上乗せ排水基準
additional effluent standards 56

## 【え】

液体塩素
liquid chlorine 133

塩化鉄（Ⅲ）
iron chloride（Ⅲ） 126

塩化ビニル管
polyvinyl chloride pipe 93

遠心脱水
centrifugal dewatering 149, 193

塩素化イソシアヌル酸
chlorinated isocyanuric acid 134

塩素処理
chlorination 131

## 【お】

オキシデーションディッチ法
oxidation ditch process 179

オゾン処理
ozonation 136

汚泥乾燥
sludge drying 196

汚泥焼却
sludge incineration 194

汚泥処理
sludge treatment 187

汚泥滞留時間
sludge retention time, SRT 153

汚泥脱水
sludge dewatering 192

汚泥炭化
sludge carbonization 196

汚泥濃縮
sludge thickening 189

汚泥の沈降濃縮
sedimentation concentration of sludge 121

## 【か】

加圧脱水機
filter press 167

開削工法
open-cut method 94

海水淡水化
sea water desalination 175

化学的酸素要求量
chemical oxygen demand, COD 14

活性汚泥法
activated sludge process 178

活性炭吸着
activated carbon adsorption 137

簡易水道事業
small water utility 46

管きょ
pipe 108

管状膜
tubular module 146

完全混合反応槽
continuously stirred tank reactor 151

緩速ろ過方式
slow sand filtration 161

## 【き】

基本計画
basic plan 75

逆浸透膜
reverse osmosis 139

給水装置
water service installation 105

急速ろ過池
rapid sand filter 165

急速ろ過方式
rapid sand filtration 163

凝　集
coagulation 123, 165

凝集剤
coagulant 125

凝集剤併用活性汚泥法
activated sludge process with coagulant 183

強熱減量
volatile solids, VS 11

## 【く】

クロスコネクション
cross connection 107

クロラミン
chloramine 134

【け】

計画雨水量
design stormwater volume 82
計画汚水量
design sewage volume 81
計画給水量
design water supply 76
計画放流水質
design effluent water quality 85
ケーシング型膜ユニット
side-stream membrane unit 172
下水処理
sewage treatment 176
下水道システム
sewerage system 72
下水排除基準
discharge standards to sewerage 60
結合塩素処理
combined chlorination 135
限外ろ過膜
ultrafiltration 139
嫌気好気法
anaerobic-oxic process 180
嫌気性消化
anaerobic digestion 191
嫌気無酸素好気法
anaerobic-anoxic-oxic process 181
原単位
unit of pollution loading 64

【こ】

鋼　管
steel pipe 92
好気性ろ床法
aerobic filter bed process 185
公共下水道
municipal sewerage 48
工場排水処理
industrial wastewater treatment 204
更生工法
pipe rehabilitation method 97
硬　度
hardness 12
高度浄水処理
advanced water purification 170
高分子凝集剤
polymer coagulant 127
合理式
rational formula 82
合流式下水道
combined sewer system 73
合流式下水道越流水
combined sewer overflow 87
コンポスト
composting 196

【さ】

さらし粉
calcium hypochlorite 134
散水ろ床法
trickling filter 186

【し】

次亜塩素酸ナトリウム
sodium hypochlorite 133
紫外線処理
ultraviolet disinfection 174
従属栄養細菌
heterotrophic bacteria 21
取水施設
intake facilities 99
受水槽方式
water service system with receiving tank 105
循環式硝化脱窒法
nitrification-denitrification process 179
硝酸性（態）窒素
nitrate nitrogen 18
浄水処理
water purification 159
浄水池
finished water reservoir 161
上水道事業
water utility 46
蒸発残留物
total solids, TS 11
シールド工法
shield jacking method 96
深層地下水
deep groundwater 35

【す】

水酸化物法
hydroxide precipitation method 205
水質環境基準
environmental quality standards for water pollution 50
水質総量規制
total emission reduction for water quality 61
推進工法
pipe-thrusting method 95
水道システム
water supply system 71
水道水質基準
water quality standards for drinking water 59
水理学的滞留時間
hydraulic retention time, HRT 153
水利権
water rights 41
スクリュープレス
screw press type 193
ステンレス鋼管
stainless steel pipe 92

【せ】

生物化学的酸素要求量
biochemical oxygen demand, BOD　13

生物活性炭
biological activated carbon, BAC　171

生物膜法
biofilm process　156, 184

精密ろ過膜
microfiltration　139

ゼータ電位
zeta potential　122

接触酸化法
contact oxidation process　184

浅層地下水
shallow groundwater　35

全窒素
total nitrogen　18

全有機炭素
total organic carbon, TOC　15

専用水道
private water supply　47

全リン
total phosphorus　19

【そ】

槽浸漬型
tank immersion type　172

送配水施設
water transmission and distribution facilities　100

【た】

ダイオキシン類
dioxins　23

大腸菌
*Escherichia Coli.*　20

大腸菌群
coliform group　21

堆肥化
composting　196

ダクタイル鋳鉄管
ductile iron pipe　91

濁　度
turbidity　11

脱　水
dewatering　147, 167

【ち】

窒　素
nitrogen　17

着水井
raw water receiving well　161

中間塩素処理
intermediate chlorination　167

中空糸膜
hollow fiber membrane　144

鋳　鉄
cast iron　91

貯水施設
water storage facilities　98

貯水槽水道
water supply facilities with receiving tank　47

直結給水方式
water service system without receiving tank　105

沈　殿
sedimentation　118

【て】

鉄
iron　91

鉄筋コンクリート管
reinforced concrete pipe　93

電気伝導率
conductivity　12

【と】

導水施設
raw water transmission facilities　100

毒性等量
toxicity equivalent quantity, TEQ　24

特定施設
specified facilities　56

都市下水路
municipal drainage channel　49

【な】

ナノろ過膜
nanofiltration　139

【の】

ノルマルヘキサン抽出物質
normal hexane extracts　11

【は】

配水管
distributing pipe　102

排水基準
effluent standards　55

配水池
distributing reservoir　101

鋼
steel　91

【ひ】

ヒドロキシアパタイト
hydroxyapatite, HAP　19

標準活性汚泥法
conventional activated sludge process　178

平膜モジュール
flat sheet module　145

【ふ】

ファウリング
fouling　143

浮遊物質
suspended solids, SS　11

不連続点
break point　135

不連続点塩素消毒法
break point chlorination 135

分散型排水処理システム
distributed sewerage system 202

粉末活性炭処理
powdered activated carbon treatment 167

分流式下水道
separate sewer system 72

【へ】

ヘーゼン・ウイリアムス式
Hazen-Williams formula 8

ベルトプレス
belt press type 193

【ほ】

ポリエチレン管
polyethylene pipe 94

ポリ塩化アルミニウム
polyaluminium chloride 126

ポンプ場施設
pumping station facilities 111

【ま】

前塩素処理
pre-chlorination 167

膜分離活性汚泥法
membrane bioreactor, MBR 181

膜モジュール
membrane module 144

膜ろ過
membrane filtration 139

膜ろ過方式
membrane filtration 172

摩擦損失係数
friction factor 6

マニングの式
Manning's formula 9

【み】

水再利用
water reuse 198

水資源賦存量
inventory of water resources 40

【め】

面源汚濁負荷
non point pollutant load 66

【も】

モノリス型
monolith membrane 146

【や】

薬品沈殿池
chemical sedimentation basin 165

【ゆ】

有機塩素化合物
organic chlorinated compound 23

有機性（態）窒素
organic nitrogen 18

有機物汚泥負荷
sludge loading rate of organic matter 154

有機物容積負荷
volumetric loading rate of organic matter 154

【よ】

用水供給事業
bulk water supply 47

溶存酸素
dissolved oxygen 16

溶存有機炭素
dissolved organic carbon 16

【り】

流　域
river basin 36

流域下水道
prefectual sewerage 48

流域別下水道総合計画
comprehensive sewerage plan by basin 62

硫化物法
sulfide precipitation method 206

硫酸アルミニウム
aluminium sulfate 125

流出係数
coefficient of run-off 83

粒状活性炭
granular activated carbon, GAC 171

流総計画
comprehensive sewerage plan by basin 62

リ　ン
phosphorus 19

リン回収
phosphorus recovery 197

リン酸マグネシウムアンモニウム
magnesium ammonium phosphate, MAP 19

【る】

ルースのろ過方程式
Ruth's equation of filtration 148

【れ】

レイノルズ数
Reynolds number 6

【ろ】

ろ　材
filter media 130

ろ材ろ過
filter media filtration 129

【A】

A2O 法
anaerobic-anoxic-oxic process 181

AO 法
anaerobic-oxic process 180

【C】

CSTR
continuously stirred tank reactor 151

【D】

DOC
dissolved organic carbon 16

【G】

*G* 値
*G* value 123

【M】

MF 膜
microfiltration 139

【N】

NF 膜
nanofiltration 139

NTU
nephelometric turbidity unit 11

【O】

OD 法
oxidation ditch process 179

【P】

PCR
polymerase chain reaction 22

【R】

RO 膜
reverse osmosis 139

【S】

Streeter-Phelps 式
Streeter-Phelps equation 29

SVI
sludge volume index 154

【U】

UF 膜
ultrafiltration 139

## ――著者略歴――

1983 年　東京大学工学部都市工学科卒業
1985 年　東京大学大学院工学系研究科修士課程修了（都市工学専攻）
1988 年　東京大学大学院工学系研究科博士課程修了（都市工学専攻），工学博士
1988 年　東京大学助手
1990 年　武蔵工業大学講師
1995 年　武蔵工業大学助教授
2006 年　武蔵工業大学教授
2009 年　東京都市大学教授（大学名称変更）
　　　　現在に至る


**水環境工学**

Water Environment Engineering



2021 年 11 月 22 日　初版第 1 刷発行

検印省略

著　者　長《なが》　岡《おか》　　　　裕《ひろし》
発 行 者　株式会社　　コ ロ ナ 社
　　　　　代 表 者　　牛 来 真 也
印 刷 所　新 日 本 印 刷 株 式 会 社
製 本 所　有限会社　　愛 千 製 本 所

112-0011　東京都文京区千石 4-46-10
**発 行 所**　株式会社　**コ ロ ナ 社**
CORONA PUBLISHING CO., LTD.
Tokyo Japan
振替 00140-8-14844・電話(03)3941-3131(代)
ホームページ　https://www.coronasha.co.jp

ISBN 978-4-339-05644-0　C3351　Printed in Japan　　（齋藤）